专业造型技法
PROFESSIONAL HAIRSTYLE TECHNIQUE
超精解析

安洋 编著

人民邮电出版社

北 京

图书在版编目（CIP）数据

专业造型技法超精解析 / 安洋编著. -- 北京：人
民邮电出版社，2015.6
ISBN 978-7-115-38645-8

Ⅰ．①专… Ⅱ．①安… Ⅲ．①化妆－造型设计 Ⅳ.
①TS974.1

中国版本图书馆CIP数据核字(2015)第055196号

内 容 提 要

对于专业造型师来说，发型设计是一个难点。要想做出漂亮的发型，造型师不但要掌握各种技法，还要有整体的把控能力。本书首先讲解了各种基本的造型技法，然后根据韩式白纱造型、欧式白纱造型、日式白纱造型、高贵晚礼造型、浪漫晚礼造型、优雅晚礼造型、中国古典造型和时尚创意造型几个类别展示了48款造型的详细教程。每个案例都会先对分区方式做具体阐述，然后以非常详细的步骤对操作方法加以说明，对造型各个角度的示意图加以展示，并对所用手法和操作重点加以归纳。此外，本书还针对每个类别展示了相关的造型作品，并通过文字加以解析，目的是开拓读者的思路，起到举一反三的作用。

本书可作为初中级造型师的自学用书，同时可作为相关培训机构的教材。

◆ 编　著　安　洋
　　责任编辑　赵　迟
　　责任印制　程彦红

◆ 人民邮电出版社出版发行　　北京市丰台区成寿寺路 11 号
　　邮编　100164　　电子邮件　315@ptpress.com.cn
　　网址　http://www.ptpress.com.cn
　　北京顺诚彩色印刷有限公司印刷

◆ 开本：880×1092　1/16
　　印张：15
　　字数：592 千字　　　　　　　　　　2015 年 6 月第 1 版
　　印数：1－3 000 册　　　　　　　2015 年 6 月北京第 1 次印刷

定价：89.00 元
读者服务热线：(010)81055410　印装质量热线：(010)81055316
反盗版热线：(010)81055315
广告经营许可证：京崇工商广字第 0021 号

前言

对于化妆造型师来说，造型技术的提升难度要大于化妆。我从事化妆造型教学工作多年，每年选择来进修的学生大多是在职化妆师。在这些学生中，对于提高造型技术的需求大于提高化妆技术的需求。相对于化妆来说，在造型上存在的问题更多，也更棘手。

为什么造型技术的提升会这么难呢？以开放式的思维来想，是因为它具有很多的不确定性。人的脸形是一个内收式的轮廓，并且五官都有其具体位置。我们描画眼妆，眼睛为我们做了位置的确定，所有的眼妆晕染都是以它为中心来操作的；唇妆、眉形等亦是如此。通过刻画塑造使妆容完美似乎容易掌握，不是难以达成的事情。而对于造型来说，我们是在一个外放式的轮廓上进行空间感、结构感的塑造。头发垂落下来，需要我们通过各种造型手法来确定摆放的方位、结构的衔接，最终形成对轮廓感的塑造。所谓造型，也就是塑造这种轮廓感。从哪里开始，到哪里结束，方位和走向又该如何处理，这都是我们要考虑的问题。

本书通过实例对造型做了比较细致透彻的解析，尽量做到面面俱到，有些造型步骤达 50 步之多。除了基础部分，本书将实例部分分为韩式白纱造型、欧式白纱造型、日式白纱造型、高贵晚礼造型、浪漫晚礼造型、优雅晚礼造型、中国古典造型和时尚创意造型共 8 类，在每一款造型中都对造型的分区方式做了具体的解析，使大家能够更好地理解分区对塑造造型轮廓的重要性。每个人的发量不同，头发长短也不一样，这都会对造型结果有一定程度的影响。希望大家不仅要学会书中的造型，更要通过对各种造型手法的学习触类旁通，在面对不同类型的头发的时候能够打造出更多样式的造型。

感谢以下朋友对本书编写工作的大力支持，因为有了大家的帮助，我才能走得更长、更远，如有遗漏，敬请谅解。他们分别是（排名不分先后）：

苏州 B-ANGEL 模特经纪公司；

慕羽、春迟、朱霏霏、李黎、樱子、赵雨阳、惠宇、陶子。

安泽

2015 年 2 月

● 目录

基本造型手法 008

韩式白纱造型 018

欧式白纱造型 074

日式白纱造型 102

高贵晚礼造型 134

浪漫晚礼造型 154

优雅晚礼造型 174

中国古典造型 196

时尚创意造型 220

韩式白纱造型 01 | 020

韩式白纱造型 02 | 026

韩式白纱造型 03 | 032

韩式白纱造型 04 | 036

韩式白纱造型 05 | 040

韩式白纱造型 06 | 046

韩式白纱造型 07 | 050

韩式白纱造型 08 | 054

韩式白纱造型 09 | 059

韩式白纱造型 10 | 062

韩式白纱造型 11 | 067

欧式白纱造型 01 | 076

欧式白纱造型 02 | 083

欧式白纱造型 03 | 088

欧式白纱造型 04 | 092

欧式白纱造型 05 | 096

日式白纱造型 01 | 104

日式白纱造型 02 | 108

日式白纱造型 03 | 112

日式白纱造型 04 | 117

● 案例索引

日式白纱造型 05 | 120

日式白纱造型 06 | 124

日式白纱造型 07 | 128

高贵晚礼造型 01 | 136

高贵晚礼造型 02 | 140

高贵晚礼造型 03 | 144

高贵晚礼造型 04 | 148

浪漫晚礼造型 01 | 156

浪漫晚礼造型 02 | 160

浪漫晚礼造型 03 | 164

浪漫晚礼造型 04 | 168

优雅晚礼造型 01 | 176

优雅晚礼造型 02 | 180

优雅晚礼造型 03 | 184

优雅晚礼造型 04 | 188

中国古典造型 01 | 198

中国古典造型 02 | 203

中国古典造型 03 | 208

中国古典造型 04 | 214

时尚创意造型 01 | 222

时尚创意造型 02 | 226

时尚创意造型 03 | 229

时尚创意造型 04 | 233

HAIRSTYLE
基本造型手法

1. 基本倒梳方法

01 提拉起一片发量适中的头发，将其拉直。

02 将尖尾梳插入头发整个长度的 1/2~1/3 的位置，尖尾梳的梳齿不要全部穿透发片的横截面。

03 向下倒梳头发，在倒梳的时候，提拉头发的那只手不要随倒梳改变提拉力度和位置。

04 完成效果。

2. 移动式倒梳方法

01 提拉出一片头发，准备倒梳。

02 在倒梳的时候，提拉头发的手跟随倒梳的频率向要造型的方向移动。

03 完成效果。

3. 旋转式倒梳

01 处理好头发的基本形状。

02 将头发倒梳，在倒梳的同时旋转头发的角度。

03 用尖尾梳的尖尾调整发丝的层次。

04 完成效果。

4. 梳光

01 将倒梳好的发片放置在手掌之上。

02 将尖尾梳的梳齿放置于倒梳的头发表面，梳齿微斜。

03 梳光头发的表面，使其光滑。

5. 下扣卷

01 分出一片头发，将头发倒梳并梳光表面。

02 以梳子为轴向下翻转头发。

03 固定头发。

04 将剩余发尾继续向下翻转。

05 继续向下翻转头发并固定。

06 下扣卷完成。

6. 连环卷

01 分出一片头发，将其倒梳，使发根立起来，梳光表面。

02 以梳子为轴将头发打卷，用手指调整卷的大小。

03 将固定好的发卷的发尾旋转并固定，形成第二个卷，卷与卷之间要形成空隙。将剩余发尾打卷并固定。

04 连环卷完成。

7. 上翻卷

01 取一片头发，以梳子为轴向上旋转。注意头发旋转的弧度。

02 抽出尖尾梳，用发卡固定头发。

03 将剩余发尾继续向上做上翻卷。

04 上翻卷完成。

8. 正编三股辫

01 分别取出三片头发，将其中一股头发放在另外两股头发中间。

02 继续向下以叠加的方式进行编发，在三股头发之间连续左右带入。

03 边编边调整松紧度，一般情况下这种编发形式的松紧度是比较一致的。

04 用皮筋将辫子的发尾扎好。

9. 三股辫反编

01 分出三片头发，将其反方向相互叠加在一起。

02 边向下编边调整辫子的松紧度。

03 收尾的时候适当拉紧头发。

04 用皮筋将辫子的发尾固定。

10. 两股辫编发

01 分出两片头发，第一片向下带，第二片向上带。

02 连续向后编，边编边带入发片。

03 边编头发边调整角度。

04 在编头发的时候可以用隐藏发卡固定。

05 将编好的头发向上提拉，翻转并固定。

06 两股辫编发完成。

11. 三带一编发

01 分出三片头发，如正编三股辫一样相互叠加。

02 其中两片不带入新发片，剩余一片则带入。

03 在编发的过程中要不断调整辫子的松紧度。

04 根据头发的角度调整带入的头发保留的长度。

05 在收尾的时候适当拉紧发片。

06 将编好的辫子的发尾固定。

12. 三带二编发

01 分出三片头发，相互叠加在一起。

02 将其中两片头发带入新发片，剩余一片不带入。

03 在叠加过程中保持三股头发的松紧度一致。

04 使新加入的发片与之前的发片保持相同的量。

05 将编好的辫子用皮筋固定。

06 三带二编发完成图。

13. 三股连编编发

01 分出三片头发，用左边两片夹住右边一片。

02 在每片头发中都带入一片新头发。

03 在连续编发的时候调整编辫子的角度。

04 为辫子收尾，将其适当收紧。

05 将三股连编转化为正编三股辫，继续向下编。

06 继续向下编发，最后收尾。

14. 四股辫编发

01 分出四片头发,相互叠加在一起,左右各两片。　　**02** 向下叠加编发,在叠加的同时加入新发片。

03 将右下边的头发向上叠加,与左侧上边的头发结合。　　**04** 调整辫子的松紧度。

05 将发尾用皮筋扎起。　　**06** 四股辫编发完成图。

15. 鱼骨辫编发

01 分出一片头发,用皮筋扎好。　　**02** 分出两片头发,相互叠加,边编发边加头发。

03 调整辫子的松紧度。　　**04** 准备收尾的时候适当拉紧头发。

05 将发尾用皮筋扎好。　　**06** 鱼骨辫编发完成图。

16. 间隔编发

01 将两股头发交叉，将一股头发卡在中间并交叉。

02 以同样的方式连续操作。

03 将发尾用皮筋扎紧。

04 反方向用同样的方式操作。

05 边编发边对头发适当收紧。

06 收尾的时候适当提拉头发的角度。用皮筋扎好。

17. 两边带编发

01 编一条三股辫。

02 从左侧带入头发，转化为三带一编发。

03 继续编发，从右侧带入头发，形成右侧三带一编发。

04 继续编发，从左侧带入头发，形成左侧三带一编发。

05 边编发编调整辫子的松紧度。

06 继续从右侧带入头发，进行收尾。

HAIRSTYLE
韩式白纱造型

韩式白纱造型

发型分区示意

此款造型共分为刘海区、两侧发区、顶发区、两侧后发区 6 个区域。顶发区的头发没有复杂的造型结构，所以用斜线做了简单划分，后发区的头发根据打卷位置的需要，划分为左侧 2/3 和右侧 1/3 的两个斜线形区域。

操作步骤

01 将后发区一边的头发放下来，准备造型。

02 将放下的头发分成三片，将其相互编在一起。

03 编好之后将头发固定，表面要光滑干净。

04 将后发区另外一侧的头发放下来，向扎好的头发方向扣转，保留一定的空间感。

05 将头发扣转好之后固定，注意固定的角度。

06 固定的发卡要隐藏好并足够牢固。

07 将头顶的头发向上提拉并倒梳，增加发量和衔接度。

08 倒梳之后将头发向下放并将表面梳理得光滑干净。

09 梳理好之后喷胶定型，发胶要适量。

10 将顶发区的头发向后发区一侧扣转，要保留一定的空间感。

11 下发卡将扣转后的头发固定，发卡要隐藏好，为了使其更加牢固，可以下两个发卡。

12 将固定好的头发的发尾向上打卷造型。

13 打卷之后将头发固定，要固定牢固并调整出立体空间感。

14 从后发区剩余头发中分出一片头发，向上提拉，准备打卷。

15 将头发在后发区位置打卷并固定牢固。

16 将后发区的剩余头发倒梳后梳光表面，喷胶定型。

17 将头发向下扣转打卷，打卷要保留一定的空间感。

18 将打好的卷的两侧固定，发卡要隐藏好，固定要牢固。

19 用手提拉下扣卷的两侧，使其更加饱满。

20 将一侧发区的头发倒梳，增加发量和衔接度。

21 对侧发区的头发适量地喷胶定型。

22 用尖尾梳将侧发区头发的表面梳理光滑干净。

23 将侧发区的头发向后扭转并固定，使侧发区呈现一定的饱满度。

24 注意固定的位置，发卡要隐藏好，为了更加牢固，可以下两个发卡。

25 准备将剩余的发尾做打卷造型。

26 做一个打卷并将其牢固地固定在后发区的一侧。

27 将剩余发尾继续向上做打卷造型，两个卷之间要形成层次感。

28 将卷筒固定好之后调整其空间感。

29 将另外一侧发区的头发倒梳，增加发量和衔接度。

30 对头发喷胶定型，喷胶要适量。

31 用尖尾梳将头发的表面梳理光滑。

32 将头发扭转，在后发区的位置固定。

33 将固定好的侧发区的头发的发尾向上做打卷造型。

34 将打卷固定好之后调整其空间层次感。

35 将顶发区的头发向上提拉并倒梳，增加发量和衔接度。

36 将刘海区的头发向后梳理，使其表面更加光滑。

37 遮挡额头并对刘海区的头发喷胶定型。

38 在刘海区的头发内部下隐藏式发卡，将其固定。

39 继续向后梳理头发，使其呈现饱满的弧度感。

40 将刘海区的头发向后发区的方向翻转。

41 将刘海区的头发翻转至后发区的位置后，适当收紧并固定。

42 继续将头发带向后发区的位置，并用尖尾梳适当调整纹理。

43 继续用隐藏式发卡将其固定。

44 将剩余发尾做打卷造型并在后发区的位置固定。

45 在后发区位置佩戴饰品并将饰品的一侧固定。

46 将饰品的另外一侧固定并把发卡隐藏好。

47 调整饰品的摆放方位并对中间位置固定，使其更加牢固。造型完成。

造型手法

① 上翻卷造型
② 三股辫编发
③ 打卷造型

重点提示

打造此款造型的重点是刘海区的头发要向后翻转，为了让翻转的角度更好，可用隐藏式发卡固定，增加翻卷角度的优美感。

韩式白纱造型 *02*

发型分区示意

此款造型分为两个刘海区、两侧发区和后发区5个区域。因为利用了较多的两侧头发做打卷造型，所以在两侧发区划入部分后发区的头发。足够的发量能使造型更有层次感。

操作步骤

01 将后发区的头发放下，准备进行造型。

02 将后发区的头发向上提拉并倒梳，增加发量和衔接度。

03 用手托住后发区的头发，将表面梳理光滑。

04 为后发区的头发喷胶定型，喷胶要适量。

05 在后发区头发的底端扎一根皮筋，使其呈收拢的状态。

06 将后发区的头发用双手向下扣卷，对其进行隐藏式的固定。

07 将扣卷的头发固定好之后，用手将两侧向中间位置收拢。

08 将收拢好之后的头发下发卡固定。

09 将一侧刘海区的头发分出并向后拉抻。

10 将刘海区的头发在后发区的位置扭转并固定，使其呈现饱满状态。

11 继续向后做一个打卷造型，形成连环卷的效果。

12 将打卷的头发固定好，不要破坏后发区的饱满感。

13 从侧发区的头发中分出一片头发。

14 将分出的头发下暗卡固定。

15 继续分出侧发区的头发并向上提拉，在后发区位置扭转。

16 将扭转好的头发在后发区位置固定，隐藏好发卡。

17 打开另外一侧刘海区的头发并向后提拉。

18 将头发在后发区的位置扭转并固定，发卡要隐藏好并呈现饱满状态。

19 将刘海区的剩余发尾在后发区位置固定，不要破坏后发区造型的饱满度。

20 注意发卡要斜向上插入，发卡要固定牢固并隐藏好。

21 分出部分侧发区的头发，向后拉抻并扭转。

22 将扭转好的头发固定，发卡要隐藏好。

23 将剩余发尾继续扭转并固定在后发区的位置。

24 继续从侧发区位置分出头发，向后发区方向拉抻。

25 将拉抻的头发扭转之后，在后发区位置固定好。

26 将刘海区及两侧发区剩余的发尾在后发区位置自然地打卷造型并固定。

27 固定的时候要呈现一定的空间层次感。

28 将一侧发区剩余的头发扭转，自然地固定在后发区底端。

29 固定的时候使其呈现饱满的弧度感。

30 将固定好之后的头发的剩余发尾向上做打卷造型。

31 用打卷塑造后发区底端的轮廓感，要适当调整卷的角度。

32 调整打卷的层次感，并将其固定得更加牢固。

33 将打好的卷进行适当的撕拉，使其呈现更加自然的感觉。

34 将最后剩余的头发向上做一个扭转并固定在后发区的底端。

35 将固定好的头发的发尾向上收起。

36 将收起的头发固定在后发区的底端，固定要自然，修饰后发区底端的造型轮廓。

37 在头顶佩戴饰品，点缀造型。

38 将饰品的另外一侧固定牢固，适当调整饰品的摆放位置。

39 在后发区的位置佩戴插珠饰品，点缀造型。

40 造型完成。

造型手法

① 下扣卷造型　② 打卷造型

重点提示

在翻转刘海区及两侧发区头发的卷度时注意不要太紧，要用翻转的弧度修饰造型的饱满度。在后发区位置的打卷也不必过于光滑，而是要保持自然，发尾都进行过电卷棒烫卷处理，否则不容易呈现自然弯度。

韩式白纱造型 *03*

发型分区示意

此款造型分为刘海区、两侧发区、左右后发区、左右顶发区共7个区域。因为要用顶发区的头发加强刘海区的造型层次感，所以将顶发区的头发带入部分刘海区的头发，然后分成两份，便于做造型结构。

操作步骤

01 将顶发区的头发向后扭转并向前推，使其呈现隆起的感觉，固定用的发卡要隐藏好。

02 将剩余的发尾在额头一侧做打卷造型。

03 将发卷在额头一侧固定牢固。

04 将一侧顶发区的头发盖过隆起的刘海结构，向另外一侧做打卷造型。

05 将发卷固定并调整其弧度轮廓感。

06 将剩余发尾继续打卷，形成连环卷的效果，与之前的刘海区打卷衔接在一起。

07 将另外一侧的顶发区的头发向前翻转并固定。

08 将固定好的头发的发尾做打卷造型。

09 将打卷固定在头顶隆起的前方，对其轮廓感做适当调整。

10 将一侧后发区的头发向另外一侧扭转并在后发区底端固定。

11 将另外一侧后发区的头发与之前后发区的头发相互叠加在一起并扭转。

12 扭转好之后在后发区底端固定。

13 将一侧发区的头发向后发区方向扭转，扭转的角度要自然。

14 将扭转好的头发在后发区位置固定，固定要牢固，发卡要隐藏好。

15 将另外一侧的头发向后发区方向扭转。

16 将扭转好的头发同样固定在后发区的位置，发卡要隐藏好。

17 将两侧发区固定之后的发尾结合在一起向上打卷。

18 将打好的卷向上翻卷并固定，对其轮廓感进行调整。

19 将后发区剩余的头发左右交叉。

20 将其中一侧的头发向上提拉并打卷。

21 将打好的卷固定并调整其轮廓感。

22 将剩余头发在造型另外一侧向上打卷。

23 将打好的卷固定牢固并调整其弧度感。

24 在造型一侧佩戴饰品，适当对颧骨位置进行修饰。

25 在佩戴好的饰品上点缀流苏钻饰。造型完成。

造型手法

① 打卷造型　② 连环卷造型

重点提示

此款造型的重点是刘海位置的空间层次感。因为要将多个卷相互结合在一起，所以打卷的角度、大小、高低都要有所区别，否则会缺少层次感。

韩式白纱造型 *04*

发型分区示意

前　　后　　左　　右　　上

此款造型共分为两侧发区、顶发区和后发区 4 个区域，因为造型结构主要在后发区位置，所以后发区位置的发量保留得比较多。

操作步骤

01 将后发区的头发分片倒梳，增加发量和衔接度。

02 将倒梳好之后的头发向上提拉并将表面梳理光滑。

03 将头发向上翻卷，将头发提拉得尽量紧一些。

04 头发翻卷之后应呈立起的状态，将卷筒固定。要使其呈现一定的饱满度，类似一个松散的扭包效果。

05 将顶发区的头发分片倒梳，增加发量和衔接度。

06 倒梳之后放下头发，并将其表面梳理得光滑干净。

07 为头发喷胶定型，喷胶要适量。

08 将定型的头发向上翻卷。

09 将翻卷好的头发向前推送并固定,固定的发卡要隐藏好。

10 将顶发区的头发继续在后发区的位置固定。

11 固定好之后将剩余的发尾向上翻卷。

12 翻卷之后将发尾在后发区下方固定。

13 将一侧发区的头发用尖尾梳向后梳理。

14 将头发向上提拉并扭转,注意扭转的角度要自然。

15 将头发扭转之后在后发区的位置固定。

16 将固定好之后的头发的剩余发尾继续向上扭转。

17 将发尾扭转之后在后发区的位置固定。

18 用尖尾梳梳理另外一侧发区的头发,使其更加顺滑。

19 将头发自然地向后扭转。

20 将扭转好的头发在造型一侧自然地固定。

21 固定好之后将剩余发尾继续扭转。

22 将头发固定在后发区的位置。

23 在造型一侧佩戴造型纱帽，点缀造型。

24 将纱帽上的造型纱调整出层次并固定。

25 继续固定纱帽下方的造型纱，使其与造型更加协调。造型完成。

造型手法

① 上翻卷造型
② 扭包造型

重点提示

在造型的时候，侧发区的头发的翻转弧度要自然。这一卷筒是经过连续的翻转完成的，要呈现自然的弧度感，不要处理得过于紧实，那样会显得造型生硬。

韩式白纱造型 *05*

发型分区示意

此款造型共分为刘海区、两侧发区、顶发区及上下后发区6个区域。为了表现造型在后发区位置的层次感，顶发区的底线及上下后发区的分界线应呈现三角形的形式。

操作步骤

01 将后发区下方的头发用皮筋扎出马尾效果。

02 用尖尾梳将头发倒梳，增加发量和衔接度。

03 用尖尾梳将头发的表面梳理光滑。

04 将梳理光滑的头发向下扣卷并固定牢固。

05 用手将固定好的头发左右拉抻，使其呈现更加饱满的感觉。

06 将剩余后发区的头发从中间左右分开。

07 将左右分开的头发交叉叠加在一起。

08 将其中一侧的头发做临时固定，将另外一侧的头发向下扭转。

09 将扭转的发头固定之后，将其剩余的发尾做打卷造型并固定。

10 将另外一侧的头发向反方向扭转。

11 将扭转好的头发在后发区一侧固定，发卡要隐藏好。

12 将剩余的发尾做打卷造型并固定牢固。

13 将顶发区的头发左右分开。

14 将其中一部分头发临时固定，将剩余头发斜向下扭转并进行隐藏式固定。

15 将固定好之后的剩余头发与后发区的头发结合在一起并固定。

16 用手对头发的层次感做调整。

17 将顶发区剩余的头发与之前的头发交叉，向下扭转。

18 将头发扭转之后固定，发卡要隐藏好。

19 将剩余发尾做打卷造型，与后发区的头发衔接固定在一起。

20 将一侧发区的头发向上提拉并倒梳。

21 将头发的表面梳理得光滑干净。

22 将发片提拉好并为其喷胶定型。

23 将发片向上提拉并扭转。

24 扭转之后将头发固定在后发区的位置。

25 将头发的剩余发尾再做一次扭转并固定。

26 将剩余发尾做打卷造型，与后发区的头发固定在一起。

27 将另外一侧发区的头发向上提拉并倒梳。

28 倒梳之后将头发的表面梳理光滑。

29 提拉发片，喷胶定型。

30 将发片向上提拉并扭转，注意扭转的角度。

31 将发片在后发区一侧固定，注意隐藏好发卡。

32 将剩余发尾继续做一个扭转并固定。

33 将最后剩余的发尾做打卷造型。

34 将刘海区的头发向上提拉并倒梳。

35 倒梳好之后将头发的表面梳理光滑。

36 将刘海区的头发向上自然翻卷。

37 将翻卷之后的头发固定并隐藏好发卡。

38 固定之后注意调整刘海的弧度感。

39 将刘海翻卷之后的剩余发尾在后发区位置固定。

40 在刘海区与侧发区的衔接处佩戴饰品，点缀造型。造型完成。

造型手法

① 下扣卷造型　② 上翻卷造型

重点提示

注意后发区位置的下扣卷造型，弧度感一定要饱满。下扣卷结构能对造型起到收拢作用，并且可以使造型的轮廓感更加饱满。

韩式白纱造型 *06*

发型分区示意

此款造型共分为两侧发区、左右后发区 4 个区域。因为刘海区的头发在造型的时候要向一侧梳理，所以在分区的时候与一侧发区的头发结合在一起，后发区上方呈现包裹式的造型结构，所以在分区的时候将顶发区的头发分入一侧后发区。

操作步骤

01 将一侧后发区的头发向上提拉并倒梳。

02 将侧发区的头发与倒梳过的一侧后发区的头发结合在一起梳理。

03 将梳理好的头发喷胶定型，喷胶要适量。

04 将结合在一起的头发在后发区位置扭转在一起。

05 将扭转好的头发在后发区的底端固定，可以多下两个发卡加强固定。

06 将另外一侧后发区的头发向反方向梳理，表面要梳理得光滑干净。

07 将头发自然扭转，注意轮廓感要饱满。

08 将扭转之后的头发在后发区的位置固定。

09 将剩余的头发向上提拉并倒梳，增加发量和衔接度。

10 将倒梳好的头发的表面用尖尾梳梳理得光滑干净。

11 为头发喷胶定型，喷胶要适量。

12 将定型好的头发向后扭转，使刘海呈现自然的弧度。

13 扭转好之后将头发固定，可以采用十字交叉卡的方式，使其固定得更加牢固。

14 将固定好的头发的剩余发尾向后发区横向拉抻。

15 拉抻之后，将发尾做打卷造型并固定。

16 从后发区剩余的发尾中提拉出一片头发并向上翻卷。

17 将翻卷好的头发与之前横向拉抻的头发衔接固定在一起。

18 将翻卷之后的头发的发尾向下扭转并固定。

19 调整固定好的头发的弧度感，使其更加饱满。

20 将剩余头发整理好并向上翻卷。

21 将翻卷好的头发固定好并调整出饱满的弧度感。

22 在头顶佩戴饰品，对额头进行适当修饰，造型完成。

造型手法

① 上翻卷造型　② 倒梳

重点提示

打造此款造型时，注意后发区位置的每一个打卷之间的衔接及翻卷的方向，最终应使其呈现饱满感。

韩式白纱造型 *07*

发型分区示意

前　　　后　　　左　　　右　　　上

此款造型共分为刘海区、两侧发区、后发区 4 个区域。因为需要用两侧发区的头发来修饰后发区的造型结构,所以两侧发区的发量较多,并将部分后发区的头发划入其中。两侧发区的发量并不均等,刘海一侧的侧发区发量较多。

操作步骤

01 将后发区的头发从上方分出四片头发,进行四股辫编发处理。

02 继续向下编发,将四股辫转化为鱼骨辫的形式。

03 继续向下编发,可以适当将鱼骨辫收紧。

04 将编好的鱼骨辫的发尾用皮筋固定。

05 将编好的辫子向上做临时固定,在辫子下方取四片头发,继续进行四股辫编发。

06 四股辫要编得松散自然,不要过紧,应呈现蓬松感。

07 将编好的辫子用皮筋固定好。

08 将一侧发区的头发向后发区方向提拉并扭转。

09 将扭转好的头发用皮筋固定。

10 将另外一侧发区的头发向后发区方向拉抻并扭转。

11 将扭转好的头发用皮筋固定。

12 将刘海翻转出弧度，与侧发区的头发固定在一起。

13 将两侧发区的头发在后发区位置用皮筋固定在一起。

14 将固定好的头发由后发区的编发中穿入，之后将临时固定的辫子收入其中。

15 在后发区底端将所有发尾结合在一起，收尾并固定。

16 在后发区佩戴蝴蝶结饰品，点缀造型。

17 继续在后发区位置佩戴饰品，点缀造型。

18 在刘海内侧佩戴饰品，点缀造型。

19 在另外一侧发际线处佩戴饰品，点缀造型。造型完成。

造型手法

① 四股辫编发
② 鱼骨辫编发

重点提示

注意后发区位置的几个造型结构衔接在一起的收尾，表面要自然顺畅，不要出现凹凸不平的感觉。

韩式白纱造型 *08*

发型分区示意

此款造型共分为两侧发区、刘海区、左右后发区5个区域。因为后发区底部的翻卷需要一定的发量，而顶发区无造型结构，所以将顶发区的头发划入后发区的分区中。

操作步骤

01 将一侧后发区的头发在后发区底端扭转。

02 将扭转好的头发横向在后发区底端固定，发卡要隐藏好。

03 将后发区另外一侧的头发扭转。

04 将扭转好的头发在后发区另外一侧固定，发卡要隐藏好。

05 将一侧发区的头发倒梳，增加发量和衔接度。

06 提拉倒梳后的头发，将头发的表面梳理得光滑干净。

07 将梳理好的头发喷胶定型，喷胶要适量。

08 将头发扭转，扭转的弧度要自然。

09 将扭转好的头发固定牢固。

10 将固定好的头发的剩余发尾倒梳，增加发量和衔接度。

11 将倒梳好的头发结合后发区的部分头发，向上提拉并将表面梳理得光滑干净。

12 将梳理干净的头发喷胶，喷胶要适量。

13 将头发向上翻卷造型，角度斜向内。

14 用手提拉翻卷后的头发的轮廓感，调整其弧度。

15 将另外一侧发区的头发向上提拉并倒梳。

16 将倒梳之后的头发的表面梳理得光滑干净。

17 将头发的表面梳理干净，喷胶定型，喷胶要适量。

18 提拉头发，向后发区的方向扭转。

19 将扭转之后的头发在后发区固定，发卡要隐藏好。

20 将固定好的头发的发尾倒梳，增加发量和衔接度。

21 将倒梳之后的头发与后发区的头发相互结合在一起，用尖尾梳将表面梳理光滑。

22 将后发区的头发向上提拉并喷少量干胶。

23 将头发向上翻卷，翻卷的角度斜向内。

24 将翻卷好的头发固定并调整其弧度。

25 将刘海区的头发向造型一侧梳理，使表面光滑干净。

26 以尖尾梳为轴将刘海区的头发向上翻卷造型。

27 将翻卷好的头发固定，固定要牢固。

28 将固定好的刘海的发尾整理好，准备做打卷造型。

29 将发尾做打卷造型，固定好并调整其弧度。

30 在造型一侧佩戴饰品，点缀造型，适当对额角进行修饰。

31 在造型另外一侧佩戴钻饰流苏饰品，点缀造型。

造型手法

① 上翻卷造型　② 倒梳

重点提示

注意后发区位置的造型结构的翻卷角度，可以通过两个翻卷形成后发区的造型轮廓，但中间不要有明显的空隙感。

韩式白纱造型 *09*

发型分区示意

前　　　　　后　　　　　左　　　　　右　　　　　上

此款造型共分为前发区、中发区、后发区3个区域，3个区域之间呈平行状态。这种分区方法是为了更好地进行后垂式编发。

操作步骤

01 将前发区的头发用四股辫的形式向后编发，边编发边调整编发的角度。

02 继续向后编发，将四股辫编发转化为鱼骨辫编发。

03 继续向下编发，带入中间发区的头发，要从两边分片带入。

04 继续向下编发，将编发转化为鱼骨辫编发。

05 继续向下编发，带入后发区的头发，用四股辫的形式编发。

06 边编发边带入剩余的头发，编发要自然。

07 继续向下编发，并准备为编发收尾，可适当收紧。

08 将编发收尾并用皮筋固定。

09 将辫子的发尾内扣并用发卡固定。

10 在后发区造型底端佩戴蝴蝶结饰品，点缀造型。

11 继续向上在辫子的衔接处点缀蝴蝶结饰品。

12 佩戴比较大的蝴蝶结饰品，作为蝴蝶结饰品的主体。

13 在头顶佩戴珍珠发卡，点缀造型。造型完成。

造型手法

① 四股辫编发
② 鱼骨辫编发
③ 两边带编发

重点提示

在打造此款造型的时候，要注意随时调整辫子的松紧度，以使两边保持对称感。编至下半段的时候可适当收紧，使整体造型呈现上宽下窄的状态。

韩式白纱造型 *10*

发型分区示意

前　　后　　左　　右　　上

此款造型共分为两侧发区、两侧顶区和后发区 5 个区域。两侧顶区中分别分入了后发区的部分头发，使其更能满足打卷所需要的发量。之所以将顶区分成两份，是为了让打卷的走向更加丰富，造型更具有层次感。从两侧发区分别到后发区位置的编发可起到收拢和衔接造型结构的作用。

操作步骤

01 将所有头发用玉米夹处理蓬松，分出发区。将后发区一侧的头发以三带一的编发方式处理。

02 将编好的发辫固定在造型的另一侧位置。

03 将后发区另一侧的头发内侧倒梳后梳光表面后，向内扭转并固定，和发辫衔接。

04 将剩余的发尾扭转，打卷并固定。

05 将打好的卷用暗卡固定。

06 将顶发区一侧的头发内侧倒梳，向下扭转并固定，和后发区的头发形成衔接。

07 将顶发区另一侧的头发以同样的方式操作。

08 将一侧刘海区的头发以三股连编的方式编发。

09 将编发向后发区延伸，注意编发时候不要过于松散。

10 将编好的发辫固定在后发区的位置。

11 另一侧以三带一的编发手法操作。

12 编发同样向后发区延伸。

13 将发辫编至发尾，用皮筋固定。

14 将发辫与后发区的头发用暗卡衔接固定。

15 将发辫剩余的发尾扭转并收尾。

16 将后发区剩余的头发向下扭转成发包状。

17 将剩余的发尾继续扭转打卷。

18 将后发区剩余的头发继续打卷。

19 将后发区左侧剩余的头发向上提拉并打卷。

20 用发卡将做好的卷筒固定，在固定时注意和其他的卷筒形成结构上的衔接。

21 将刘海区剩余的发尾扭转打卷。

22 用发卡将打好的卷固定。

23 将最后剩余的头发再次打卷并固定。

24 将剩余的发尾同样以打卷的方式操作。

25 在后发区和侧发区的交界处佩戴造型花。

26 在造型的另一侧同样佩戴造型花，对造型进行修饰和点缀。

27 将更多的造型花点缀在后发区和顶发区的交界处。

28 用手对造型花的位置稍做调整，使造型的结构看上去更加饱满。

29 下暗卡将造型花固定得更加牢固。

30 在后发区的位置局部用花朵进行点缀。造型完成。

造型手法

① 三带一编发　② 三连编编发　③ 打卷造型

重点提示

打造此款造型时，首先要注意的是刘海位置头发的光滑度和饱满度，可以适当用尖尾梳的尖尾调整，使其轮廓更加饱满。

韩式白纱造型 *11*

发型分区示意

此款造型共分为刘海区、两侧发区和后发区 4 个区域，因为造型的主体结构在后发区靠下的位置，并且不需要将顶发区的头发做出过于饱满的感觉，所以没有单独分出顶发区的头发。

操作步骤

01 将所有头发用玉米夹处理蓬松，将后发区的头发以四股辫的形式编发。

02 将发辫编至发尾，注意不要过于松散。

03 将编好的发辫用皮筋在尾部固定。

04 将发辫向上提拉，扭转并固定。

05 将后发区另一侧的头发以三带一的方式编发。

06 将编好的发辫用皮筋在尾部固定。

07 将发辫向上提拉，扭转并固定，和第一个发辫形成衔接。

08 将后发区左侧的头发按照同样的编发方式操作。

09 将编好的发辫用皮筋在尾部固定。

10 将发辫向造型一侧提拉。

11 将发辫穿过前面固定的两股发辫，用暗卡固定。

12 将剩余的头发继续以三带一的方式编发。

13 将编好的发辫用皮筋在尾部固定。

14 将发辫向上提拉并扭转，穿过上方的发辫，用发卡固定。

15 将剩余的头发以三股连编的方式编发。

16 将编好的发辫用皮筋在尾部固定。

17 将发辫向一侧提拉，扭转并固定。

18 将侧发区的头发以三股连编的形式编发。

19 将编好的发辫用皮筋在尾部固定。

20 将发辫向后发区提拉并扭转。

21 下暗卡将发辫在后发区固定牢固。

22 将另一侧发区的头发同样以三股连编的形式编发。

23 将发辫向后发区延伸，编至发尾。

24 将编好的发辫用皮筋在尾部固定。

25 将发辫向上提拉，扭转并固定。

26 提拉刘海区的头发，将内侧倒梳。

27 将倒梳后的头发表面梳光。

28 以梳子为转轴，将刘海区的头发向上翻转，做出上翻卷的刘海。

29 将刘海区的头发下暗卡固定，将剩余的发尾用三股辫的方式编发。

30 将发尾的头发用皮筋固定，向上提拉，和顶发区的发辫形成衔接。

31 在后发区的发辫间用造型花点缀。

32 在顶发区和后发区的衔接处同样点缀造型花。

33 在侧发区和后发区的交界处用造型花进行修饰。

34 在另一侧顶发区和后发区的交界处继续用造型花点缀。

35 在刘海区也用造型花修饰，与后发区的造型花呼应。造型完成。

造型手法

① 三连编编发
② 三带一编发
③ 四股辫编发

重点提示

在用辫子打造后发区的整体轮廓时，要注意整个外轮廓的饱满度，边固定辫子边调整，这样才能使轮廓感更加饱满。

中分刘海区头发，干净的后盘发使整体造型端庄大方，在一侧取发丝烫卷，使造型在端庄的基础上更加柔美。

以华丽大气的珍珠、水钻、蕾丝饰品作为造型的主要组成部分，头发采用干净的后盘式处理方式，更好地突出了饰品的美感。

这是一款自然的编盘发造型，要注意发丝线条的流畅，应呈现光滑而不死板的感觉。

后发区位置的光滑打卷成为造型的主体，刘海区位置的头发要对额头进行适当的遮挡并呈现优美的弧度。

光滑的中分后盘式造型，用网眼纱与柔和的绢花相互结合作为饰品，使整体造型更加柔美大气。

后盘式的光滑打卷造型搭配硬网纱装饰，整体造型优雅大气，刘海位置的自然波纹效果使此款韩式造型更显端庄。

光滑的后盘式造型搭配蕾丝发网的饰品，不但修饰了刘海区的造型缺陷，同时使造型更加妩媚柔美。

后垂式的卷发造型呈现精致的纹理，刘海处理得蓬松自然，使刘海的上翻弧度与后发区的编发弧度相互协调，整体造型自然灵动。

HAIRSTYLE
欧式白纱造型

欧式白纱造型 *01*

发型分区示意

此款造型分为三个刘海区、两侧发区、顶发区和后发区共7个区域，为了运用刘海区发尾打卷的层次感，将刘海区的头发进行了多区域的划分。

操作步骤

01 将顶发区的头发放下，准备进行造型。

02 用皮筋套住一个发卡，将顶发区的头发扎马尾，马尾可以适当扎得高一些。

03 将顶发区的头发向上提拉并倒梳，增加发量和衔接度。

04 将倒梳好的头发的表面用尖尾梳梳理光滑。

05 将梳理好的头发向下做打卷造型。

06 将打好的卷扭转后在头顶的位置固定。

07 将固定好的卷向两侧拉抻，使其呈现饱满的轮廓感。

08 在后发区一侧分出头发，向上提拉并扭转。

09 将扭转好的头发在后发区固定，发卡要隐藏好。

10 在后发区另外一侧取头发，叠加在之前的头发上并扭转。

11 将扭转好的头发固定，后发区形成了叠包效果。

12 将后发区剩余的头发用尖尾梳倒梳。

13 将倒梳好的头发向上提拉并将表面梳理得光滑干净。

14 将梳理好的头发向上扭转，注意后发区的底端要收理干净。

15 将扭转好的头发在后发区的中间位置固定，发卡要隐藏好。

16 将后发区位置的部分发尾向上提拉并倒梳。

17 将倒梳好的头发的表面梳理得光滑干净。

18 将梳理好的头发在后发区做打卷造型。

19 将打好的卷在后发区固定并对弧度感适当调整。

20 继续将后发区的剩余头发向上提拉并倒梳。

21 将倒梳好的头发的表面梳理得光滑干净。

22 将梳理好的头发向内做打卷造型。

23 将打好的卷在后发区固定牢固，与之前的发尾结构衔接在一起。

24 为整理好的后发区的造型结构喷胶定型，喷胶要适量。

25 将一侧发区的头发向上提拉并倒梳，增加发量和衔接度。

26 将倒梳好的头发的表面用尖尾梳梳理得光滑干净。

27 拉抻发片，对发片喷胶定型，喷胶要适量。

28 将喷胶之后的发片向上提拉并扭转。

29 将扭转好的头发在头顶的位置固定。

30 注意固定的发卡要隐藏好，固定的点是头发扭转的位置。

31 将固定好的头发的发尾打卷。

32 将打好的卷在头顶固定。

33 将另外一侧发区的头发倒梳。

34 倒梳之后提拉发片，将头发的表面梳理得光滑干净。

35 为整理好的头发喷胶定型，喷胶要适量。

36 将喷胶之后的头发向上提拉并扭转。

37 将扭转好的头发下发卡在头顶固定。

38 将固定好的头发的发尾做打卷造型。

39 将打卷之后的头发固定并调整其轮廓感。

40 打开一侧刘海区的头发并将其向上扭转。

41 将扭转好的头发在头顶固定，发卡要隐藏好。

42 将固定好的头发的发尾在头顶做打卷造型。

43 将打好的卷固定并对其轮廓感做出调整。

44 打开另外一侧刘海区的头发，向上提拉并扭转。

45 将扭转好的头发在头顶固定。

46 将固定好的头发的发尾做打卷造型并固定在头顶。

47 固定好打卷的剩余发尾，继续做一个打卷造型。

48 将打卷固定并调整其轮廓感和结构感。

49 将最后一片头发向上提拉并倒梳。

50 将倒梳好的头发梳理光滑，将其扭转。

51 将扭转好的头发在头顶固定，发卡要隐藏好。

52 将固定好的头发的剩余发尾做打卷造型。

53 将打卷固定并对其轮廓感和层次感做出调整。

54 在造型一侧佩戴饰品，点缀造型。造型完成。

造型手法

① 连环卷造型　② 叠包造型　③ 打卷造型

重点提示

此款造型以顶发区头发为中心，前后都具有丰富的打卷层次感，在处理的时候要注意卷的摆放位置及先后次序，使其饱满并具有立体空间感。

欧式白纱造型 *02*

发型分区示意

此款造型分为刘海区、两侧发区、顶发区、后发区5个区域。顶发区的轮廓饱满，需要的发量较多，可适当将顶发区的分区加大一些，保留的头发多一些。

操作步骤

01 将顶发区的头发在头顶的位置扎马尾。

02 将马尾头发向上提拉并倒梳，增加发量和衔接度。

03 用尖尾梳将头发的表面梳理得光滑干净。

04 将顶发区的头发向上提拉并向后翻卷，做打卷造型。

05 调整顶发区头发的轮廓感和饱满度，并将其适当固定。

06 将后发区的头发扎马尾，马尾可以扎得高一些。

07 将扎好马尾的头发向后发区一侧做打卷造型。

08 将打卷造型向上扭转并在顶发区发包的后方固定。

09 从一侧发区分出一片头发,向上做打卷造型并固定牢固。

10 将侧发区剩余的头发向上做打卷造型,发尾留出,置于后发区方向。

11 将发卷固定牢固,发卡要隐藏好。

12 从剩余发尾中分出一片头发,向上打卷。

13 将打卷固定在后发区的位置并调整其轮廓感。

14 将剩余发尾继续向上打卷。

15 将发卷向上固定在后发区的位置并调整其轮廓感。

16 将另外一侧发区的一部分头发向上做打卷造型。

17 将发卷固定牢固并调整其立体结构感。

18 继续将侧发区剩余的头发向上做打卷造型。

19 将发卷在侧发区位置固定牢固,使其饱满自然。

20 将发尾继续向上做一个打卷并固定牢固。

21 继续将剩余发尾在后发区位置打卷并固定。

22 将顶发区的头发向上提拉并倒梳。

23 倒梳之后将头发的表面梳理得光滑干净。

24 将头发向后翻卷并隆起，使其呈现饱满的感觉，发卡的固定要牢固。

25 将刘海区剩余的发尾甩至后发区一侧并固定。

26 将剩余发尾继续做打卷造型并固定，隐藏好发卡。

27 在头顶佩戴饰品，点缀造型。造型完成。

造型手法

① 打卷造型　② 后翻卷造型

重点提示

在造型的时候要注意顶发区轮廓的饱满度，可以用尖尾梳对其做适当调整。后发区位置用两侧发区的发尾打卷，使其呈现更加饱满的感觉并具有层次感。

欧式白纱造型 *03*

发型分区示意

此款造型共分为顶发区、两侧发区、后发区 4 个区域。根据后发区位置辫子的盘转角度及侧发区造型结构的发量需求，在其中一侧发区中带入了部分后发区的头发，这样是为了更好地满足发型方位的需求。

操作步骤

01 将后发区的头发扎马尾，马尾要扎得比较低。

02 将马尾的头发分成四份，准备进行四股辫编发。

03 继续向下编发，编发要松紧适中。

04 准备为编发收尾，在收尾的位置可适当收紧。

05 收尾之后将头发用皮筋固定。

06 将发辫向一侧提拉，盘转并固定。

07 将发辫固定牢固，发卡要隐藏好。

08 将一侧发区的头发以尖尾梳为轴向上翻卷。

09 将翻卷好的头发在侧发区位置固定并隐藏好发卡。

10 将剩余发尾在侧发区位置向前固定，固定要牢固。

11 将固定好的头发向后做打卷造型并固定。

12 梳理刘海区的头发，将其梳向打卷造型的一侧。

13 以尖尾梳为轴，将刘海区的头发做下扣卷造型。

14 将发卷适当上推收紧，使其呈现饱满的轮廓感。

15 将发卷固定之后的剩余发尾继续在造型一侧打卷。

16 将打好的卷固定在侧发区的空隙处，与之前的发卷相互衔接，使其更加饱满。

17 将另外一侧侧发区的头发用尖尾梳向后梳理，使其表面光滑干净。

18 梳理好之后将其在后发区的位置固定。

19 将固定好之后剩余的发尾继续向上翻卷造型。

20 将翻卷好的头发在后发区的位置固定。

21 将翻卷之后剩余的发尾继续做打卷造型。

22 将打卷之后的头发在后发区位置收尾固定。

23 在头顶佩戴皇冠，点缀造型。造型完成。

造型手法

① 四股辫编发
② 下扣卷造型
③ 打卷造型

重点提示

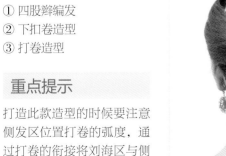

打造此款造型的时候要注意侧发区位置打卷的弧度，通过打卷的衔接将刘海区与侧发区的头发融为一体。后发区位置的头发的打卷要考虑到整体造型轮廓的饱满度，对空隙位置进行填补。

欧式白纱造型 *04*

发型分区示意

此款造型分为两侧刘海区、两侧后发区4个区域。此款造型采用中分的形式，所以将刘海区的头发分入两侧发区，将后发区的头发用于顶发区的发包造型，而不必单独分出顶发区结构。

操作步骤

01 将一侧后发区的头发倒梳，增加发量和衔接度。

02 将头发提拉并将其表面梳理得光滑干净。

03 将头发向上提拉，扭转并固定牢固。

04 将另外一侧发区的头发向上提拉并倒梳。

05 将头发向反方向提拉并将其表面梳理得光滑干净。

06 将头发向上扭转并固定牢固，使后发区的造型呈现叠包的效果。

07 将叠包的发尾用皮筋扎起并固定牢固。

08 将头发向上提拉并倒梳，增加发量和衔接度。

09 用尖尾梳将头发的表面梳理得光滑干净。

10 用手将头发收拢后向下扣卷并固定。

11 固定好之后对其弧度和饱满度做调整，在细节位置进行加固。

12 将一侧发区的头发倒梳，增加发量和衔接度。

13 用尖尾梳将头发的表面梳理得光滑干净。

14 拉抻头发，对其喷胶定型，喷胶要适量。

15 将头发向后发区的位置提拉，使其呈现出流畅的弧度。

16 将头发扭转之后在后发区位置固定牢固。

17 将另外一侧的头发倒梳，增加发量和衔接度。

18 向后提拉头发并将其表面梳理得光滑干净。

19 将头发向后提拉并对其喷胶定型，喷胶要适量。

20 将头发在后发区位置扭转。

21 扭转之后将头发在后发区位置固定。

22 固定好之后将剩余的发尾向上提拉并扭转。

23 扭转之后将头发在后发区的位置固定。

24 在头顶佩戴皇冠,点缀造型。造型完成。

造型手法

① 叠包造型 ② 下扣卷造型

重点提示

在造型的时候注意头顶头发的轮廓饱满度,两侧发区向后包裹的头发与顶发区的造型结构要呈现饱满的轮廓感和自然的弧度,不要出现凸凹不平的感觉。

欧式白纱造型 *05*

发型分区示意

前　　　　后　　　　左　　　　右　　　　上

此款造型共分为刘海区和剩余发区两个区域。因为此款造型主要由刘海位置的波纹效果和后发区位置的辅助结构组成，所以没有必要做过多分区。

操作步骤

01 在后发区底端取部分头发，松散地进行四股辫编发处理。

02 编发之后将头发适当扭转，用皮筋扎起。

03 在一侧取头发，向后进行三带一编发处理。

04 提拉头发，将辫子编得松散自然并随时调整其弧度。

05 继续向后编发，并且越靠后越呈收紧的状态。

06 编发的时候带入后发区另外一侧的头发，准备对其收尾固定。

07 将辫子收尾用皮筋固定，保留适当发尾，用于造型。

08 将两条辫子交叉。

09 将两条发辫在后发区位置固定在一起，保留发尾的头发。

10 用电卷棒将保留的发尾烫卷，使其呈现出一定的卷度。

11 将烫好的头发倒梳，边倒梳边调整头发的方位，使其在侧发区呈现饱满感。

12 用发胶对头发喷胶定型，喷胶要适量，不要过多。

13 用手将头发调整出层次感，使其更加饱满。

14 用电卷棒将头发压烫出自然的弯度，使其更适合波纹造型。

15 将刘海区的头发发尾做打卷造型，并在后发区的位置将其固定牢固。

16 下隐藏式发卡，将刘海区的头发固定出一定的弧度感。

17 用鸭嘴夹对刘海区的头发加强固定，对其喷胶定型。

18 待胶干之后，摘除鸭嘴夹，在弯度的位置用珍珠发卡装饰。

19 在下边的弯度继续佩戴珍珠发卡，发卡呈现出一定侧斜度。

造型手法

① 三带一编发
② 四股辫编发
③ 电卷棒烫发

重点提示

打造此款造型的重点是刘海位置的弯度处理，通过电卷棒的压烫，使其呈现自然流畅的弯度。注意用电卷棒烫发的时候，不要烫出死板的卷度。

平滑而具有隆起弧度的刘海搭配隆起的发包，皇冠的装饰使整体造型显得简约大气。

刘海位置呈现自然上翻的弧度，头顶的卷发呈现有层次的饱满轮廓，使欧式上盘造型中透露出柔美之感。

头顶发包隆起，两侧发区的头发遮住耳朵，光滑地向后盘起。端正地佩戴蕾丝珍珠饰品，使整体造型呈现端庄华美之感。

刘海区的头发向上隆起，光滑而不死板。头顶的头发分片自然地盘起，饰品的佩戴衔接前后发区之间的关系，整体造型华丽大气。

头顶的包发呈现饱满的弧度，刘海区的头发向上隆起将固定后剩余的发尾做出波纹效果，修饰额角位置。纱帽的网眼纱要适当对额头位置进行遮挡。

简约的低盘发配合大气华美的皇冠，尽显女王般的大气美感。

光滑的高盘发包，采用伏贴的刘海处理方式。搭配网眼纱发带及水钻蝴蝶饰物，使高贵的造型呈现一丝柔美。

简约的盘发效果，重点是刘海位置隆起的打卷效果，使造型呈现自然端庄的美感。

日式白纱造型 *01*

发型分区示意

![前][image] 前 后 左 右 上

此款造型共分为刘海区、两侧发区、后发区 4 个区域。因为是侧垂式的造型，顶发区没有造型结构，所以不需要将顶发区单独分出来。

操作步骤

01 将刘海区和一侧发区的头发打开，在头顶一侧佩戴饰品，点缀造型。

02 将饰品固定牢固并调整方位，饰品要适当对额头起到修饰作用。

03 将一侧发区的头发向上扭转并在后发区的位置固定。

04 将后发区一侧的头发向上提拉，扭转并固定。

05 调整刘海区的头发的层次感，使其呈现蓬松饱满的状态。

06 将另外一侧发区的头发向后发区的方向提拉，扭转并固定。

07 在后发区一侧继续取一片头发，向上提拉，扭转并固定在后发区的位置。

08 将扭转并固定的头发的发尾分成三片，准备编辫子。

09 将发尾进行三股辫编发处理。

10 将编好的辫子在后发区一侧打卷，固定并调整其轮廓感。

11 从剩余头发中分出一片，从后向前翻转并固定。

12 从前向后分一片头发并对其做打卷造型。

13 将打好的卷在后发区位置固定并调整其弧度感。

14 继续向上分出一片头发并对其做打卷造型。

15 将发卷固定并调整造型的轮廓感，使其在侧发区呈现更加饱满的状态。

16 用大号电卷棒将剩余垂落的头发烫卷，使其能自然垂落在造型侧面。

17 为头发喷胶定型，发胶要适量。造型完成。

造型手法

① 打卷造型　② 三股辫编发

重点提示

注意此款造型的整体饱满度，尤其是头顶的头发。造型要呈现饱满感，但又不能梳理得过于光滑，否则会显得老气。

日式白纱造型 02

发型分区示意

前　　　后　　　左　　　右　　　上

此款造型共分为顶发区、刘海区、左侧发区和右侧发区（由侧发区和后发区结合而成）共4个区域。两侧发区在后发区位置的分线根据编发的需要呈不规则状态。顶发区发包需要的头发比较多，所以顶发区分入的区域比较大。

操作步骤

01 将一侧发区的头发向后进行三带一编发。

02 继续向后发区位置编发，边编发边调整编发的角度。

03 将编好的头发在后发区一侧用皮筋固定。

04 将发辫向上提拉并准备固定，注意提拉的角度。

05 固定好之后将发尾隐藏好，并将其固定牢固。

06 将另外一侧发区的头发向上提拉并进行三带一编发。

07 继续向后编发并用三股辫编发的形式收尾。

08 编好之后用皮筋固定。

09 将编好的头发向上提拉并在后发区位置固定。

10 将顶发区的头发向上提拉并倒梳,增加发量和衔接度。

11 将头发的表面梳理得光滑干净并向后带。

12 将头发向下扣卷并固定,注意固定的牢固度,发卡要隐藏好。

13 固定好之后拉抻打卷的轮廓感,使其呈现更加饱满的效果。

14 将刘海区的头发以尖尾梳为轴向下扣卷。

15 扣卷之后将刘海区的头发固定并隐藏好发卡。

16 将固定好的刘海的发尾继续扭转打卷并固定。

17 将剩余发尾继续向上扭转打卷。

18 继续将剩余发尾向上打卷。将打好的卷固定牢固并调整其结构感。

19 在刘海一侧佩戴饰品,点缀造型。造型完成。

造型手法

① 三带一编发
② 三股辫编发
③ 下扣卷造型

重点提示

打造此款造型的时候,注意不要将顶发区的发包处理得太高,那样会失去柔美感,反而显得过于高贵。

日式白纱造型 *03*

发型分区示意

前　后　左　右　上

此款造型共分为两侧发区、后发区3个区域，因为是偏向一侧的造型，所以将刘海区的头发分到一侧发区中来增加发量，使造型更加具有协调感。

操作步骤

01 在刘海区和侧发区结合的位置固定造型花。

02 取刘海区的头发，以三股连编的形式编发。

03 将编好的发辫抽松散，为了防止没有支撑力，用暗卡将两边固定到一起。

04 将编好的发辫暂时固定。

05 继续将头发添加进发辫里。

06 注意添加头发时要扭动发片的角度，以产生弧度。

07 将编发延伸到侧发区，并将编好的发辫用手抽松散。

08 将编好的发辫向内扭转。

09 将扭转后的发辫用皮筋固定。

10 将发辫向上提拉并扭转，将发尾藏进发辫里。

11 将另一侧发区的头发以三股连编的方式编发。

12 编发至后发区，变为三带一编发。

13 将发辫编至一边，用皮筋固定。

14 将编好的发辫向上提拉并翻转。

15 将发辫固定在造型的一侧，将发尾藏进发辫里。

16 将后发区剩余的头发内侧倒梳，将表面梳光后向上扭转。

17 将扭转后的头发用发卡固定在发辫上。

18 将剩余的发尾继续向上提拉并扭转。

19 将扭转后的发尾用发卡固定。

20 将后发区一侧剩余的头发倒梳，将梳光表面后向上提拉并翻转。

21 将翻转后的头发向上固定在发辫上，包裹住发辫的位置。

22 将剩余的头发向上提拉，扭转打卷。

23 将扭转好的卷筒用发卡固定。

24 继续提拉扭转后的发片并固定，和上方的发片形成衔接。

25 用手继续扭转发尾。

26 用尖尾梳调整头发的纹理和层次。

27 将剩余的发片扭转并倒梳，向上提拉。

28 将扭转后的发片用发卡固定。

29 将剩余的头发继续向上提拉，扭转并固定。

30 将最后一片头发向上提拉，扭转并固定。

31 将发尾继续扭转并固定。

32 用尖尾梳调整头发的层次和纹理。

33 在侧发区和后发区的交界处点缀造型花。

34 在刘海区和侧发区的交界处继续用造型花修饰结构的饱满度。

35 在侧发区的位置不规则地点缀上花瓣，在结构上形成呼应。

36 在后发区的位置也同样用花瓣来点缀。造型完成。

造型手法

① 打卷造型
② 三带一编发
③ 三连编编发

重点提示

此款造型最重要的是头发的层次感，所以在编发的时候要保留一定的松散度，使其便于调整层次，这样可以使造型呈现更加自然的效果。

日式白纱造型 *04*

发型分区示意

此款造型分两个发区,一个发区是将一侧发区与刘海区的头发结合在一起,用来翻转造型;一个发区是将另外一侧发区与后发区的头发结合在一起,完成剩余的造型结构。

操作步骤

01 在后发区底端将头发向上提拉并扭转。

02 扭转之后将头发固定,发卡要隐藏好并固定牢固。

03 将头发分片提拉并倒梳,增加发量和衔接度。

04 将头发的表面用尖尾梳梳理得光滑干净。

05 将头发向前自然地扭转。

06 将扭转好的头发向上提拉并向后发区盘转。

07 将盘转好的头发在后发区的位置固定,固定要牢固。

08 将剩余的头发放下,并将表面梳理得光滑干净。

09 将梳理好的头发向后上方自然地翻卷，呈现流畅的弧度感。

10 将翻卷好的头发固定牢固，发卡要隐藏好。

11 将剩余发尾在后发区扭转造型。

12 将扭转好的头发在后发区固定牢固。

13 在头顶一侧佩戴羽毛饰品，点缀造型；在羽毛饰品后方佩戴珍珠皇冠饰品，点缀造型。造型完成。

造型手法

① 上翻卷造型　② 倒梳

重点提示

打造此款造型时，刘海区的翻卷要呈现自然的弧度感，要呈现这个卷度就要在翻卷的时候保留一定的空间感。

日式白纱造型 *05*

发型分区示意

此款造型共分为刘海区、两侧发区、顶发区和后发区5个区域。因为两侧发区的头发呈向后包裹的状态，所以在分两侧发区的头发时，要将后发区的部分头发划入其中，以便打造造型结构。

操作步骤

01 将头发从中段向下用电卷棒烫后翻卷。

02 烫至两侧的头发时，注意头发翻卷的弧度要自然。

03 烫好之后将头发按区域划分并固定。

04 先放下后发区的头发，使其自然垂落。然后用尖尾梳将一侧发区的头发表面梳理得光滑干净。

05 将侧发区的头发梳理干净，向后发区的方向扭转。

06 将头发扭转好之后，在后发区的位置将其固定，注意隐藏好发卡并固定牢固。

07 将另外一侧发区的头发用尖尾梳将表面梳理得光滑干净。

08 梳理好之后将侧发区的头发向后自然地扭转。

09 将扭转之后的头发叠加
在之前扭转的头发的基础上。

10 将扭转的头发固定，注意
隐藏好发卡。

11 将顶发区的头发向上提拉
并倒梳，增加发量和衔接度。

12 倒梳之后将头发向下放
并将表面梳理得光滑干净。

13 为梳理好的发片喷胶定
型，喷胶要适量。

14 将发片扭转并固定，固定
的时候注意调整顶发区位置
的饱满度。

15 将固定好的头发的剩余发
尾做打卷造型。

16 将打好的卷在后发区位
置固定。

17 将刘海区的头发向后拉抻
并横向下发卡固定。

18 为了固定得更加牢固，可
以适当多下几个发卡。

19 将固定好的刘海区的头发
拉抻至造型一侧。

20 将头发摆放好位置之后，
用发卡将其固定。

21 固定好之后将头发向上翻卷造型。

22 翻卷之后下隐藏式发卡将其固定，发卡固定要牢固。

23 将固定好的刘海的发尾收至后发区的位置。

24 将发尾在后发区的位置固定，与后发区的头发结合在一起。

25 在头顶没有刘海结构的一侧佩戴饰品，点缀造型。造型完成。

造型手法

① 上翻卷造型
② 打卷造型
③ 电卷棒烫发

重点提示

打造此款造型的时候要注意刘海位置的翻转弧度，这种弧度的塑造主要依靠两处发卡的固定，发卡的固定点要通过刘海的翻转隐藏好。

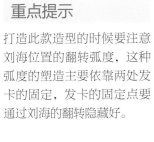

日式白纱造型 *06*

发型分区示意

前　后　左　右　上

此款造型共分为刘海区、两侧发区、左右后发区 5 个区域，因为刘海区需求的发量很多，所以将顶发区的头发划入刘海区的范围。

操作步骤

01 将刘海区的头发用尖尾梳自然地向后梳理。

02 将刘海区的头发向上提拉并扭转。

03 将扭转好的头发在头顶的位置固定，固定的时候可以适当向前推，使其呈现饱满的隆起感。

04 将一侧发区的头发向上提拉并用尖尾梳倒梳，增加发量和衔接度。

05 收紧头发并将其表面用尖尾梳梳理得光滑干净。

06 将梳理好的头发喷胶定型，喷胶要适量。

07 将头发向上扭转并固定牢固，发卡要隐藏好。

08 将另外一侧发区的头发向上提拉并倒梳，增加发量和衔接度。

09 将倒梳好的头发向上提拉并将表面梳理得光滑干净。

10 为梳理好的头发喷胶定型，喷胶要适量。

11 将头发向上提拉并扭转，与之间的后发区造型叠加在一起。

12 将扭转好的头发下发卡固定。

13 将一侧发区的头发向上提拉并倒梳，增加发量和衔接度。

14 用尖尾梳将头发的表面梳理得光滑干净。

15 将梳理好的头发喷胶定型，发胶要适量。

16 将梳理好的头发向后发区方向扭转。

17 将扭转好的头发在后发区位置固定。

18 将另外一侧发区的头发向上提拉并用尖尾梳倒梳。

19 用尖尾梳将头发的表面梳理得光滑干净并向后提拉。

20 为头发喷胶定型，喷胶要适量。

21 喷胶之后将头发向后发区位置扭转造型。

22 将扭转好之后的头发固定在后发区上方。

23 用手调整顶发区位置的头发的层次感。

24 用尖尾梳将头发适当倒梳，增加其层次感。

25 佩戴饰品，点缀造型。

造型手法

① 叠包造型　② 倒梳

重点提示

打造此款造型的时候，要注意刘海区头发的饱满度，刘海区的头发要高于饰品的高度。并且要注意用头顶卷发的层次修饰后发区的饰品，使造型更有层次感。

日式白纱造型 *07*

发型分区示意

此款造型分为刘海区、一侧发区和后发区 3 个区域。此款造型呈现偏向一侧的造型结构感，在分区的时候将刘海区与顶发区的头发划分在一起，以满足刘海区的发量需求。在一侧发区中分入部分后发区的头发，用剩余头发来修饰后发区底端的轮廓感。

操作步骤

01 将后发区的头发分片倒梳，增加发量和衔接度。

02 将倒梳好的头发的表面梳理得光滑干净。

03 将梳理好的头发提拉起来并喷胶定型。

04 将头发在后发区位置翻卷造型，在翻卷的时候注意调整饱满度。

05 将翻卷的头发固定牢固，将发尾留至后发区底端。

06 将发尾向上提拉，扭转并固定。

07 将侧发区的头发向后扣卷并固定，要保留一定的空间感。

08 将保留的发尾向上提拉并在侧发区位置固定。

09 将刘海区的头发分出一片，以尖尾梳为轴向上翻卷造型。

10 翻卷之后对其进行隐藏式固定，固定要牢固。

11 将剩余发片继续向上翻卷造型。

12 在两个翻卷之间保留一定的空间感并将其固定。

13 将翻卷之后的发尾向前做打卷造型。

14 将打卷之后的发尾向后提拉并固定，使其形成一定的弧度感。

15 将剩余发尾继续向前带并固定。

16 调整固定的牢固度及轮廓感。

17 将头发在后发区位置做打卷造型并固定牢固。

18 将最后剩余的头发在后发区位置扭转并保留一定的空间感。

19 将剩余发尾在后发区位置继续做打卷造型。

20 调整造型结构之间的衔接度，使其呈现更加饱满的轮廓感。

21 在造型一侧佩戴饰品，点缀造型，适当对额角位置进行修饰。

22 在饰品之上佩戴网眼纱，点缀造型。

23 调整网眼纱的层次感和轮廓感。造型完成。

造型手法

① 上翻卷造型　② 打卷造型

重点提示

打造此款造型时，刘海区的弧度感要呈现自然柔和的感觉。两个翻转弧度之间要保留一定的空间感，这种空间感可以适当用尖尾梳做细致的调整。

将自然的卷发打理出层次感，配合头纱及珍珠质感的饰物进行点缀，整体造型自然清新。

自然的抓纱层次配合柔和的饰品，整体造型呈现如仙子一般的柔美感觉。

中分刘海后自然向后盘起，发尾自然垂落，用花环对头顶位置进行点缀，整体造型仙气十足。

将头发中分之后编至后发区一侧，固定后用网眼纱对额头位置进行适当的遮挡，在结构衔接处用造型花进行点缀。

将头发向上盘起，使其呈自然的层次感。头发不要处理得过于光滑死板，点缀蝴蝶结饰品，使造型更加柔美。

将刘海区的头发中分并梳理光滑，向后发区方向盘起。用造型纱与鲜花相互搭配，造型简单而唯美。

刘海区的头发呈编发效果，与后发区的层次轮廓结合得十分完美。用造型花修饰造型轮廓，两侧以不对称的状态点缀，使造型更加生动。

蝴蝶结和鲜花都是柔美的饰物，用发带将两者结合在一起并搭配简约的造型，使整体造型简洁柔美。

HAIRSTYLE
高贵晚礼造型

高贵晚礼造型 *01*

发型分区示意

此款造型共划分为两侧发区、后发区、两侧刘海区共5个区域。因为顶发区的发包由后发区的头发塑造，所以不必单独分出顶发区结构。为了达到更丰富的刘海造型结构，所以将刘海区的头发分为双份。

操作步骤

01 将后发区的头发扎马尾，马尾可以扎得高一些。

02 将扎好马尾的头发向上提拉并倒梳，增加发量和衔接度。

03 将倒梳好的头发表面梳理得光滑干净。

04 向上提拉头发并用手向下打卷。

05 将打卷的头发向下扣卷，在后发区的位置固定，注意调整轮廓感和饱满度。

06 将一侧发区的头发向后提拉并扭转。

07 将扭转好的头发固定在后发区的发包下方。

08 固定好之后将头发继续向上扭转并固定。

09 将另外一侧发区的头发做两股扭转。

10 将扭转好的头发在后发区的位置固定。

11 将头发固定牢固，发卡要隐藏好，以便利于接下来的造型。

12 将剩余头发在后发区位置收拢在一起，做打卷造型并固定。

13 将部分刘海区的头发向上提拉并倒梳，增加发量和衔接度。

14 将部分刘海区的头发用尖尾梳从一侧向另外一侧梳理。

15 为头发的表面喷胶定型，喷胶要适量。

16 将头发扭转并用尖尾梳适当调整弧度感。

17 将扭转好的头发用发卡固定，注意发卡要隐藏好。

18 将固定好的头发的剩余发尾向上提拉并打卷。

19 将打卷好的头发在顶发区发包前方固定。

20 将刘海区的剩余头发向上提拉并倒梳，增加发量和衔接度。

21 将倒梳好的头发表面梳理得光滑干净，为梳理好的头发喷胶定型。

22 将头发提拉并扭转，保留一定的空间感。

23 将固定好的头发继续向后扭转造型，将剩余的发尾打卷。

24 将打卷好的头发固定在后发区的位置，调整造型结构的饱满度。

25 佩戴饰品，点缀造型。造型完成。

造型手法

① 打卷造型
② 下扣卷造型
③ 两股辫编发

重点提示

打造此款造型时要注意饱满的轮廓感，发包不要包得过大，那样会显得造型土气。另外，此款造型虽然用到多次打卷手法，但整体造型没有明显的打卷结构，打卷的作用大部分用来收发尾。

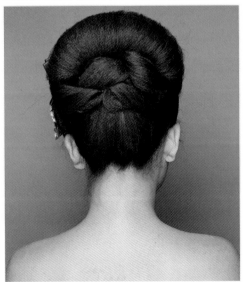

高贵晚礼造型 *02*

发型分区示意

此款造型共分为后发区、刘海区和两侧发区4个区域。刘海区的头发可适当划分得多一些，这样更有利于打造刘海区的饱满效果。不必划分顶发区，顶发区的发包用后发区的马尾来完成造型效果。

操作步骤

01 将后发区的头发扎马尾。

02 将一侧发区的头发向后提拉并扭转。

03 将扭转好的头发固定在后发区，发卡要隐藏好。

04 将固定好的头发的剩余发尾向上做打卷造型。

05 将扎马尾的头发用发卡向前固定。

06 将固定好的头发向上提拉并向后做打卷造型。

07 打好卷之后下发卡对其进行牢固的固定。

08 将另外一侧发区的头发向后提拉并扭转。

09 将扭转好之后的头发在后发区的位置固定。

10 将固定好之后的头发的发尾向前做打卷造型。

11 将打好的卷固定在头顶的位置。

12 将剩余发区打卷之后固定在后发区的位置。

13 将刘海区的头发向上提拉并倒梳。

14 用手托住头发，用尖尾梳将头发表面梳理得光滑干净。

15 将梳理好的头发向后扭转，使刘海区呈现饱满立体的感觉。

16 将扭转好的头发固定，发卡要隐藏好。

17 继续在头顶下连排发卡，使刘海呈现向前隆起的状态。

18 在剩余发尾中分出一片头发，向上做打卷造型。

19 继续用发尾向上做打卷造型。

20 继续做打卷造型，并将其固定在造型一侧。

21 打卷要呈现一定的立体感和空间感，发卡要隐藏好。

22 将最后剩余的发尾向上提拉并做打卷造型。

23 将打好的卷固定在后发区的位置，发卡要隐藏好。

24 在造型一侧佩戴饰品，点缀造型。

25 在造型另外一侧佩戴饰品，点缀造型，饰品要适当对额角进行修饰。造型完成。

造型手法

① 打卷造型　② 扎马尾

重点提示

此款造型最重要的是刘海区的饱满度，在扭转刘海区的头发的时候要适当调整角度并注意观察，使其更加饱满。

高贵晚礼造型 *03*

发型分区示意

此款造型分为刘海区、两侧发区和后发区4个区域。因为两侧发区采用三带一的手法编发时会编入后发区的头发，所以后发区左右两侧的头发划入了侧发区，这样更利于造型。

操作步骤

01 将一侧发区的头发向后进行三股辫编发，一边编发一边向后发区方向带入头发。

02 继续向后编发，注意边编发边调整角度。

03 将编好的头发用皮筋扎起，固定牢固。

04 将后发区的头发从一侧开始进行三带一编发处理。

05 一边编发一边带入后发区剩余的头发，注意调整编发的角度。

06 将编好的头发用皮筋扎好，固定牢固。

07 从另外一侧发区取头发，进行三带一编发处理。

08 继续向后编发并适当将其收紧。

09 将编好的头发用皮筋固定牢固。

10 将一侧发区的发辫向上提拉，带向另外一侧发区。

11 将发尾在另外一侧发区固定牢固。

12 将另外一侧发区的发辫向反方向带。

13 将发尾藏好后固定，发辫的走向要流畅。

14 将后发区的发辫向上带至造型一侧。

15 将发尾向上固定，可采用十字交叉卡，使其固定得更加牢固。

16 将刘海区的头发向上提拉并倒梳，增加发量和衔接度。

17 将倒梳好的头发的表面梳理得光滑干净。

18 梳理好之后将头发喷胶定型，喷胶要适量。

19 将刘海区的头发在造型一侧下连排发卡固定。

20 将固定好的刘海的头发以梳子为轴做上翻卷造型。

21 将翻卷之后的头发固定牢固，发卡要隐藏好。

22 将剩余发尾在后发区位置继续做打卷造型。

23 将发卷在刘海发卷的后方固定牢固。

24 在刘海区与侧发区的衔接处佩戴饰品，点缀造型。造型完成。

造型手法

① 三带一编发
② 上翻卷造型

重点提示

打造此款造型时要注意用刘海区的翻卷修饰固定发辫时外露的发卡。另外，辫子要在后发区相互交叉，最终形成饱满的弧度。

高贵晚礼造型 *04*

发型分区示意

此款造型共分为刘海区、两侧发区和后发区 4 个区域，考虑到三带一编发的走向，将部分顶发区的头发分入一侧发区，将顶发区剩余的头发、另外一侧发区的头发及大量后发区的头发结合，形成另外一侧发区，剩余后发区的头发是后发区造型的分区结构。

操作步骤

01 将一侧发区的头发用三带一的形式编发。

02 边编发边向另外一侧发区带头发，注意随时调整编发的角度。

03 编发至另外一侧发区，带入另外一侧发区的头发。

04 继续向下编发并带入后发区的头发，注意随时调整编发的角度。

05 将编好的辫子收尾并用皮筋固定牢固。

06 将辫子向上扭转之后固定，注意固定的牢固度。

07 将后发区另外一侧的头发进行三带一编发。

08 编发的同时带入后发区之前的辫子的发尾。

09 将辫子向上扭转并固定牢固。

10 在固定的时候注意对辫子收尾并将发卡隐藏好。

11 将保留的少量发尾用手调整出层次感。

12 对发尾喷胶定型并继续进行适当调整。

13 将头顶的头发向上提拉并倒梳，增加发量和衔接度。

14 将倒梳好的头发的表面梳理得光滑干净。

15 将梳理干净的刘海区的头发在一侧向上翻卷并造型。

16 将翻卷的头发固定好，将剩余发尾继续打卷造型。

17 将发卷固定并调整其轮廓感和弧度感。

18 用波纹夹将刘海区的头发加强固定，使其呈现更完美的弯度。喷胶定型。

19 用吹风机将胶吹干，使头发加快定型。

20 摘除波纹夹并适当用隐藏式发卡进行局部固定。

21 在造型一侧佩戴饰品，点缀造型。

22 调整饰品上的造型纱的角度，对面部进行适当遮挡。造型完成。

造型手法

① 三带一编发　② 打卷造型

重点提示

在进行三带一编发的时候，编发的角度涉及两侧发区及后发区的位置，所以要适当调整编发角度并不断变化自己身体的方位，这样才能将辫子编得线条流畅、弧度饱满。

刘海区的头发向造型一侧隆起，配合后发区的造型结构，使整体造型呈现高贵美感。饰品点缀在刘海区结构下方，使造型更加生动。

刘海区的头发向上光滑地隆起，与后发区饱满的造型轮廓相互结合。水钻饰品与服装上的银色亮片相呼应，使整体造型更加协调。

造型向上自然盘起，操作时，轮廓不要盘得过大，发丝不要处理得过于光滑。此款造型高贵大方，简洁实用。

刘海区采用借发的方式从后向前梳理头发，做出流畅的弧度。整体造型呈现端庄大气的美感。

所有头发向上饱满地盘起，注意刘海区位置的头发的饱满度，不要有塌陷的感觉。在造型的轮廓边缘适当保留发丝，使其轮廓饱满自然。

刘海区的头发向上提拉并向下扣卷，使造型轮廓饱满大气。用造型花及水钻饰物对造型的轮廓进行修饰，使造型高贵又柔美。

这是一款低位的盘编发造型，用项链作为头饰，端正地佩戴在头顶位置，使造型呈现高贵的美感。

在端庄的盘发造型上配合有弧度的刘海及蝴蝶结饰物，使整体造型高贵而不老气。

HAIRSTYLE
浪漫晚礼造型

浪漫晚礼造型 *01*

发型分区示意

此款造型分为刘海区、两侧发区、顶发区和后发区共5个区域。两侧发区对塑造造型轮廓的作用较大，划分的发量较多。顶发区的划分位置后移，后发区的分区面积较小，主要起到为造型收理轮廓的作用。

操作步骤

01 将顶发区的头发提拉并斜向下打卷。

02 将发卷固定，要固定牢固。

03 固定后注意调整造型结构形成的弧度感。

04 将一侧发区的头发向后发区方向扭转。

05 将扭转好的头发在后发区位置固定。

06 从后发区底端向上翻卷部分头发。

07 继续将后发区剩余的头发向上翻卷并固定。

08 将剩余发尾的头发向上打卷并固定牢固。

09 将另外一侧发区的头发向下扣卷，将发尾留向后发区位置。

10 扣卷好之后将头发固定牢固，发卡要隐藏好。

11 将扣卷后的剩余发尾做打卷造型。

12 将发卷在后发区一侧固定牢固。

13 将刘海区的头发向上提拉并倒梳，使其呈现蓬松饱满的层次感。

14 用尖尾梳调整头发的层次并将其在造型一侧固定。

15 将刘海区的头发收尾，固定在后发区的位置，发卡要隐藏好。

16 在造型一侧佩戴造型纱，将造型纱抓出褶皱层次并固定牢固。

17 继续向前将造型纱抓出褶皱层次并适当调整其角度。

18 继续向前抓造型纱，形成层次感的叠加。

19 将造型纱收尾并固定牢固，将其整理出层次感，并使其形成饱满的轮廓感。

造型手法

① 抓纱造型　② 打卷造型

重点提示

打造此款造型时，刘海区的头发应形成自然蓬松的层次感，可以适当用电卷棒将头发烫卷，增加头发的自然卷度，这样更有利于造型。

浪漫晚礼造型 *02*

发型分区示意

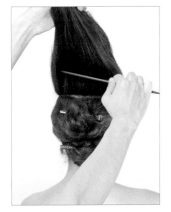

此款造型从前至后共分为 4 个发区。每个区域需要的发量不同，刘海区划分的发量较少，顶发区划分的发量较多，两侧发区和后发区的部分头发形成一个发区，后发区底端的头发形成一个发区。

操作步骤

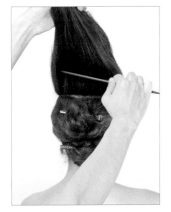

01 将顶发区的头发向上提拉并倒梳。

02 将倒梳好的头发的表面用尖尾梳梳理得光滑干净。

03 将梳理好的头发用手向后打卷，注意两边要收紧。

04 将收理好的头发向下扣卷并固定，注意顶发区的轮廓感要饱满。

05 将一侧发区的头发提拉并倒梳。

06 将倒梳好的头发向上提拉并将表面梳理得光滑干净。

07 将梳理好的头发向上做打卷造型并固定在后发区的一侧。

08 将另外一侧的头发提拉并倒梳。

09 将倒梳好的头发向上提拉并将表面梳理得光滑干净。

10 将梳理好的头发在后发区一侧做打卷造型并固定牢固。

11 注意调整后发区两侧打卷的方位和轮廓的饱满度。

12 将后发区中间位置的头发倒梳，增加发量和衔接度。

13 将倒梳好的头发向上提拉并将表面梳理得光滑干净。

14 将梳理好的头发向上做打卷造型。

15 将打卷造型固定在后发区的中间位置。

16 将后发区底端的头发提拉并倒梳。

17 将头发向上提拉并将其表面梳理得光滑干净。

18 将头发向上做打卷造型，用手适当将其收紧。

19 将收紧的头发固定在顶发区发包的下方，要固定牢固。

20 将刘海区的头发提拉并倒梳，使其呈现蓬松的层次感。

21 用尖尾梳的尖尾适当调整头发的层次感，使其纹理更加自然。

22 用造型纱在顶发区系出发带的效果。

23 将造型纱抓出花形褶皱层次。

24 为造型纱的细节位置进行细致的固定。

25 在头顶佩戴饰品，点缀造型。造型完成。

造型手法

① 下扣卷造型 ② 打卷造型

重点提示

打造此款造型时，注意后发区位置饱满的轮廓感的塑造，以及后发区两侧的打卷摆放的方位，最终使后发区位置呈现圆润饱满的轮廓感。

浪漫晚礼造型 *03*

发型分区示意

此款造型共分为前后两大发区。其中一侧发区与后发区形成一个发区，剩余部分形成一个发区，在处理该发区的时候，会分多次从中取头发进行造型。这样做的目的是使几个小结构形成一个大结构，更容易使整个造型协调统一。

操作步骤

01 用皮筋套住发卡，将后发区的头发在后发区下方扎马尾。

02 将扎好的头发在后发区的位置固定牢固。

03 从马尾中分出一片头发，向上提拉并扭转。

04 将头发扭转之后打卷，并将其固定牢固。

05 继续分出一片头发，在后发区底端打卷并固定，注意轮廓感的塑造。

06 将剩余头发继续向上做打卷造型。

07 将打卷之后的头发在后发区的位置固定。

08 将顶发区的头发向后发区方向打卷。

09 将发卷在后发区位置固定并调整其立体轮廓感。

10 将顶发区的剩余头发继续在后发区的另外一侧做打卷造型。

11 将发卷固定好并对其轮廓感做出调整。

12 用发卡将两个发卷衔接在一起,使其能够更加立体。

13 将侧发区的头发向后拉抻并打卷。

14 将头发打卷之后固定在后发区的位置。

15 向上提拉发卷,调整造型侧面的弧度感。

16 将发卷与之前的发卷相互衔接在一起。

17 整理刘海区头发的层次感,调整出弧度后,将部分头发进行细致的固定。

18 继续提拉一片头发,将其扭转,在侧发区的位置固定。

19 将剩余发尾继续向后拉抻并扭转。

20 将扭转之后的头发固定在后发区的位置,发卡要隐藏好。

21 将发尾向上打卷，与之前的造型结构相互衔接在一起。

22 在后发区底端佩戴造型花，点缀造型。

23 在另外一侧佩戴造型花，点缀造型。造型完成。

造型手法

① 打卷造型　② 扎马尾

重点提示

此款造型中，各个区域的发尾汇集到后发区的位置，打卷形成后发区的造型结构。在打卷的时候要注意彼此的衔接，并且打卷要有大小之分，否则会显得呆板，缺少层次感。

浪漫晚礼造型 *04*

发型分区示意

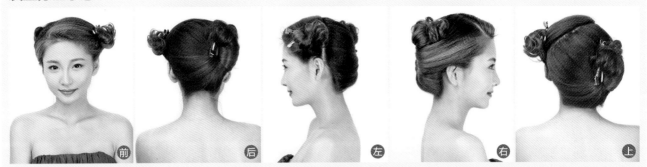

此款造型共分前后两个结构。刘海区与一侧发区的头发结合在一起，用来完成三带一编发；剩余头发结合在一起，完成后发区的造型结构。

操作步骤

01 将顶发区的头发向上提拉。

02 将分好的头发扎马尾。

03 从后发区一侧提拉起一片头发，盖住马尾的位置，向另外一侧拉抻。

04 将头发扭转并固定在马尾之上，发卡要隐藏好。

05 继续从后发区下方取一片头发，向上提拉。

06 将提拉出来的头发扭转并固定。

07 将固定之后剩余的发尾向前做打卷造型。

08 将发卷固定在造型一侧，固定牢固，发卡要隐藏好。

09 将剩余的发尾向上提拉并倒梳。

10 将头发做局部的固定，以便于继续塑造头发的层次感。

11 向上提拉头发并进行局部倒梳。

12 为头发喷胶定型，喷胶要适量。

13 在刘海区分出三片头发，准备进行编发。

14 用三带一的手法向下编发。

15 继续向下编发，边编发边调整角度。

16 用三股辫编发的形式为造型收尾。

17 将发尾用皮筋固定牢固。

18 将辫子与后发区位置的头发结合在一起固定。

19 在造型一侧佩戴蝴蝶结饰品，点缀造型。

造型手法

① 三股辫编发
② 三带一编发

重点提示

刘海区的辫子既要伏贴，同时又要具有一定的隆起感和饱满感。在编发的时候，边编发边调整身体角度，这样更利于塑造轮廓感。

编盘发造型要适当保留发丝，搭配造型花及局部的抓纱效果，使整体造型浪漫唯美。

将头发有层次地上盘，以造型花及造型纱相互结合打造造型轮廓。用造型纱对眼部进行遮挡，呈现朦胧的美感。整体造型柔美浪漫。

将头发梳理至一侧，将卷发进行局部的编发处理；在另外一侧佩戴造型花及造型纱。整体造型浪漫且甜美。

将刘海区的头发向上隆起并处理出层次感。两侧垂落的卷发使造型更加浪漫唯美。

这是一款后垂式的编发，刘海区的头发借助烫卷的弧度翻卷，不要处理得过于光滑干净。整体造型浪漫自然。

这是一款侧垂的编盘发造型，造型要处理得层次自然，不要编得过于紧实。用造型纱及红色玫瑰花点缀，使造型更加柔美浪漫。

此款造型呈现出乱而有序的盘发效果，用网眼纱及造型花衔接造型结构，整体造型浪漫自然。

在刘海位置保留部分发丝，对额头位置进行遮盖，将剩余的刘海头发做出编发效果，将两侧的头发烫卷，使其垂落，整体造型自然浪漫。

HAIRSTYLE
优雅晚礼造型

优雅晚礼造型 *01*

发型分区示意

前　　　后　　　左　　　右　　　上

此款造型共划分为刘海区、一侧发区、顶发区和后发区 4 个区域。在操作的时候，要将刘海区与一侧发区的头发结合在一起进行编发，所以将它们作为一个区域。

操作步骤

01 将刘海区的头发向一侧进行三带一编发处理。

02 用三股辫编发的形式收尾，用皮筋将其固定。

03 将辫子固定在后发区的位置。

04 将另外一侧发区的头发用三带一的形式向后编发。

05 将辫子用三股辫编发的形式收尾，用皮筋将其固定。

06 将两条辫子衔接在一起固定。

07 在后发区一侧取出部分头发。

08 提拉头发，将其倒梳，增加发量和衔接度。

09 将头发表面梳理光滑，在后发区的位置向上扭转并固定。

10 将后发区剩余的头发用尖尾梳倒梳，增加发量和衔接度。

11 将头发向上提拉并将其表面梳理得光滑干净。

12 将梳理好的头发向上提拉并扭转。

13 将扭转好的头发在后发区上方的位置固定。

14 将固定好的头发的剩余发尾倒梳，增加发量和衔接度。

15 将顶发区的头发向上提拉并倒梳，增加发量和衔接度。

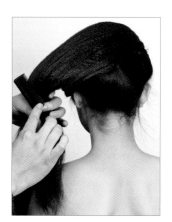

16 将倒梳好的头发整理在一起，将其表面梳理得光滑干净。

17 梳理好头发之后，将其向一侧向下扣转。

18 将扣转好的头发在后发区位置固定。

19 将固定好的头发的剩余发尾进行三股辫编发。

20 将编好的头发收尾。

21 将收拢好的发尾隐藏在编发中并固定。

22 在头顶一侧佩戴饰品,点缀造型。造型完成。

造型手法

① 三带一编发
② 下扣卷造型

重点提示

用顶发区的头发及后发区的发尾相互结合在一起做下扣结构,可以对刘海区的编发进行自然的修饰,避免衔接得过于生硬。

优雅晚礼造型 *02*

发型分区示意

此款造型共分为两侧发区及后发区 3 个区域，因为刘海采用的是中分的效果，并且与侧发区的头发结合在一起进行三带一编发，所以分别与左右侧发区的头发结合在一起分区。

操作步骤

01 将一侧发区的头发向后用三带一的形式编发。

02 用三股辫编发的形式收尾。

03 用皮筋将编好的辫子扎好。

04 将另外一侧发区的头发用三带一的形式编发。

05 继续向后编发，用三股辫编发的形式收尾。

06 将编好的辫子用皮筋扎好。

07 将两条辫子在后发区的位置用皮筋固定在一起。

08 在后发区位置取一部分头发，用皮筋固定。

09 固定好之后将头发从皮筋中间掏转。

10 将掏转之后的头发向上提拉并倒梳。

11 将倒梳之后的头发向上提拉并将表面梳理得光滑干净。

12 梳理好之后对其喷胶定型。

13 将头发用手向上翻卷造型。

14 将翻卷好的头发在后发区位置固定,发卡要隐藏好。

15 继续从后发区位置取头发,向上翻卷造型。

16 翻卷好之后,将其与上面的翻卷衔接固定在一起,表面要光滑干净。

17 在后发区的翻卷一侧佩戴饰品,点缀造型。

18 在后发区翻卷的另外一侧佩戴饰品,点缀造型。

19 向上提拉一片头发,将其倒梳,增加发量和衔接度。

20 将倒梳过的头发的表面梳理得光滑干净。

21 对头发适量喷胶定型。

22 用手将头发向上做打卷造型，将打好的卷在后发区的位置固定。

23 将最后剩余的头发倒梳，增加发量和衔接度。

24 将倒梳之后的头发向上提拉并将表面梳理光滑。

25 将头发向上做打卷造型，与之前的发片交叉叠加，将打好的卷固定。

造型手法

① 三带一编发
② 三股辫编发
③ 上翻卷造型

重点提示

此款造型采用的是饰品与造型相互叠加的方式，佩戴好饰品之后，继续用发片修饰后发区造型的轮廓。需要注意的是在佩戴完饰品之后，发片与饰品之间要保留一定的空间感，那样造型会更加饱满。

优雅晚礼造型 *03*

发型分区示意

此款造型共分为顶发区、两侧发区和后发区4个区域。因为刘海是中分的形式，所以两侧刘海区的头发分别与两侧发区的头发结合在一起造型。顶发区造型需要的发量较多，所以顶发区划分的面积比较大。

操作步骤

01 将后发区下方的头发放下，准备造型。

02 将后发区的头发扎马尾，马尾要扎得紧实。

03 将一侧发区的头发梳理整齐，从后发区马尾下方绕过。

04 将头发在马尾之上固定。

05 将另外一侧发区的头发用同样的方式收在后发区的位置。

06 将头顶的头发分两片，相互交叉叠加。

07 将其中一片头发扭转之后固定。

08 将另外一片头发在另外一侧用一个发卡固定。

09 将后发区底端的头发向上打卷。

10 将打好的卷固定并调整其轮廓感。

11 将固定头发后剩余的发尾倒梳，增加发量和衔接度。

12 将倒梳之后的头发的表面梳理得光滑干净。

13 将头发在一侧做打卷造型。

14 将打好的卷在后发区一侧固定。

15 固定好之后调整发卷的轮廓感和饱满度。

16 将另外一侧剩余的发尾倒梳，增加发量和衔接度。

17 用手托住倒梳过的头发，将其表面梳理得光滑干净。

18 将梳理好的头发向上做打卷造型，将打好的卷在后发区一侧固定牢固。

19 在头顶一侧佩戴饰品，点缀造型。造型完成。

造型手法

① 打卷造型　② 扎马尾

重点提示

打造此款造型的时候，后发区两侧的发卷要光滑干净并且具有饱满的感觉，可以在打卷的时候通过镜子观察，以确定摆放的位置。

优雅晚礼造型 *04*

发型分区示意

此款造型共分为刘海区、两侧发区和后发区4个区域。因为顶发区和后发区的造型结构都是在后发区偏下的位置做打卷造型，所以没有必要单独分出顶发区结构，顶发区与后发区的头发形成一个造型区域。

操作步骤

01 将后发区的头发在后发区的底端扎一条马尾。

02 将一侧发区的头发向后提拉并扭转造型。

03 将扭转好的头发在后发区位置固定。

04 固定的时候隐藏好发卡，可以多下一个发卡，增加其牢固度。

05 将另外一侧发区的头发扭转造型。

06 将扭转之后的头发在后发区的位置固定，与之前固定的头发相互交叉。

07 从后发区的头发中分出一片，向上做打卷造型。

08 将发卷斜向上固定。

09 继续分出一片头发，向上做打卷造型。

10 将打好的卷固定，与之前的发卷形成空间层次感。

11 从马尾中继续分出一片头发，向上做打卷造型。

12 将打卷之后的头发固定，与之前的打卷适当做好衔接。

13 继续分出一片头发，向下做打卷造型。

14 将发卷固定在后发区下方的位置。

15 继续分出一片头发，向侧上方做打卷造型。

16 将打好的卷在后发区一侧固定。

17 在剩余头发中继续分出一片，向上提拉并打卷。

18 将发卷固定在后发区一侧，并与之前的发卷相互衔接。

19 将后发区剩余的头发向上提拉并打卷。

20 将打好的卷固定，最终在后发区呈现饱满的轮廓感。

21 将刘海区的部分头发向一侧梳理。

22 将梳理好的头发向上翻卷并固定。

23 将刘海区剩余的头发的表面梳理得光滑干净。

24 将头发斜向前扣卷并固定。

25 扣卷之后将剩余发尾向上翻卷造型。

26 将剩余发尾以尖尾梳为轴继续翻卷并固定。

27 将刘海区头发的剩余发尾收好并将其固定牢固。

28 在刘海区佩戴饰品，点缀造型。

29 在饰品上用造型纱进行遮盖。

30 将造型纱抓出褶皱层次并适当对面部进行遮挡。

31 在头顶将造型纱收拢，调整层次并固定牢固。造型完成。

造型手法

① 打卷造型
② 上翻卷造型
③ 下扣卷造型

重点提示

打造此款造型时，后发区位置的各个发卷之间要保留一定的空间感，不要处理得过于死板，固定的方位不要过于一致。最终呈现的是一个饱满的轮廓感。

优雅晚礼造型案例赏析

光滑的单侧打卷造型配合华贵的饰品，呈现出优雅高贵的美感。

刘海区流畅的翻卷配合后发区的简洁盘发，造型光滑而不死板，优雅大气。

将刘海区的头发梳理至造型一侧，向下做光滑的扣卷造型，用红色玫瑰对卷筒的上下两侧进行修饰。整体造型呈现优雅浪漫的美感。

刘海区向下扣卷的头发呈现饱满蓬松的隆起感，注意发根位置要立体，不能塌陷。用华美的饰品做装饰，使整体造型更加饱满。

刘海区的头发饱满地隆起，后发区的低盘发光滑干净。用造型纱配合黄莺草进行点缀，整体造型优雅端庄并具有柔美感。

刘海区的头发隆起并向下扣卷，呈现光滑而不死板的感觉，另外一侧用造型纱及造型花进行点缀，轮廓饱满。整体造型优雅而浪漫。

此款造型呈饱满而光滑的低盘发效果，配合优雅的饰物进行点缀，整体造型简约大气。

将头发梳理至一侧，进行光滑的翻卷，打造出饱满的造型轮廓，饰品与服装呼应，整体造型呈现端庄优雅的美感。

向后隆起的刘海区造型呈现手摆波纹效果，搭配后盘式的结构，整体造型优雅大气。

下扣卷式的刘海造型搭配后打卷式的盘发效果，再用复古饰品点缀，整体感觉复古而优雅。

光滑的后侧打卷造型，配合花朵饰品，整体感觉优雅浪漫。

光滑的上翻卷刘海搭配后发区翻卷的盘发效果，配合抓纱造型，整体感觉优雅而妖媚。

中国古典造型 01

发型分区示意

此款造型共分为刘海区、两侧发区和后发区 4 个区域。后发区的头发在后发区下方打卷，塑造轮廓。不必分出顶发区结构，顶发区的头发与后发区的头发结合在一起，形成一个造型区域。

操作步骤

01 将后发区的头发在后发区下方用尖尾梳梳理并收拢。

02 将头发梳理好之后，用皮筋固定牢固。

03 从扎好的马尾中分出一片头发，向上提拉并打卷。

04 将打好的卷固定，注意固定牢固，发卡要隐藏好。

05 继续分出一片头发，向上做打卷造型。

06 将打好的卷在后发区位置固定。

07 固定好之后再分出一片头发，向上做打卷造型。

08 将发卷在后发区位置固定，要固定得立体而牢固。

09 将后发区马尾中最后剩余的头发向上做打卷造型。

10 在一侧发区中分出一片头发，以尖尾梳为轴向上做翻卷造型。

11 将翻卷好的头发在后发区的位置固定。

12 将翻卷之后剩余的发尾打卷。

13 将发卷向上固定，可以适当用尖尾梳调整其角度。

14 将侧发区剩余的头发以尖尾梳为轴继续向上做翻卷造型。

15 将翻卷好的头发固定，适当用尖尾梳调整其弧度感。

16 将翻卷并固定好的头发的剩余发尾继续做打卷造型。

17 将发卷固定牢固，发卡要隐藏好。

18 将另外一侧发区的头发向上提拉并扭转造型。

19 将扭转好的头发固定，发卡要隐藏好。

20 注意发卡要顺着头发扭转的弧度斜向内插入。

21 将固定好的头发的发尾向前做打卷造型。

22 将打好的卷固定牢固，发卡要隐藏好。

23 将剩余的发尾继续向后发区方向做打卷造型。

24 将打好的卷固定牢固，发卡要隐藏好。

25 将刘海区的头发向上提拉并倒梳，增加发量和衔接度。

26 将倒梳好的头发的表面用尖尾梳梳理得光滑干净。

27 将刘海区的头发以尖尾梳为轴向上翻卷。

28 将翻卷好的头发固定，发卡要隐藏好，适当调整刘海的弧度，使其自然。

29 将刘海区剩余的发尾继续做打卷造型。

30 将发卷固定牢固，与刘海的翻卷结合，形成斜向上的弧度感。

31 在刘海区翻卷的上方佩戴发钗饰物，点缀造型。

造型手法

① 上翻卷造型
② 打卷造型
③ 扎马尾

重点提示

打造此款造型时，后发区位置的多个发卷应相互结合，形成饱满的轮廓感。最后用刘海区剩余发尾的打卷对轮廓进行补充。

中国古典造型

发型分区示意

此款造型共分为刘海区、两侧发区和后发区 4 个区域。因为后发区的头发要在头顶扎发髻，用来做假发造型的基础，所以不需要单独分出顶发区，将顶发区与后发区的头发结合在一起造型即可。

操作步骤

01 将刘海区的头发向上提拉并用皮筋固定得牢固紧实。

02 将扎好的刘海区的头发向前盘绕打卷，表面要光滑干净。

03 将发卷固定牢固并做出调整，使其呈现出流畅的弧度感。

04 将后发区的头发编成三股辫，之后扎紧并固定牢固。

05 将一侧发区的头发倒梳，增加发量和衔接度。

06 将倒梳之后的头发表面梳理得光滑干净。

07 将梳理好的头发向上提拉并向后做打卷造型。

08 将打好卷的头发收拢并固定牢固。

09 将另外一侧发区的头发向上提拉并倒梳，增加发量和衔接度。

10 将倒梳好的头发的表面用尖尾梳梳理得光滑干净。

11 将头发向上提拉后并向上做打卷造型。

12 将打卷好的头发固定牢固。

13 在头顶固定一片假发片，要将其固定牢固。

14 将头发向后打卷，打卷的时候要呈现一定的饱满度。

15 打好卷之后在后发区位置将其固定牢固。

16 在后发区位置继续佩戴一片假发片，并将其固定牢固。

17 将固定好的头发向前翻卷并固定牢固，发卡要隐藏好。

18 将剩余假发向上提拉并打卷。

19 将打好的卷在后发区位置固定，在头顶形成饱满的轮廓感。

20 在头顶继续固定一片假发片，一定要牢固固定。

21 将假发放下之后扭转并继续固定。

22 继续将头发在后发区位置扭转并固定，发卡要隐藏好。

23 在假发片中分出一片头发，向上盘绕并固定牢固。

24 固定要紧实，并呈包裹的状态，发卡要隐藏好。

25 将发尾继续在造型一侧向下扣转并固定。

26 固定好之后对其轮廓感进行细致的调整，使其更加饱满。

27 在造型另外一侧将假发片向上打卷。

28 打卷之后将其固定牢固。

29 将固定之后剩余的发尾继续向上盘绕并固定。

30 固定的点在后发区的位置，固定要牢固、紧实。

31 将最后剩余的发尾打卷，固定在顶发区造型的后方。

32 拉抻头发，调整造型的轮廓感和饱满度。

33 在后发区位置佩戴发髻，装饰造型，使后发区轮廓饱满。

34 在头顶佩戴发冠，装饰造型，固定一定要牢固。

35 在后发区位置佩戴发钗，装饰造型。

36 继续佩戴发钗，装饰造型，使其呈散射状。

37 在另外一侧佩戴发钗，装饰造型。调整发钗的佩戴角度。造型完成。

造型手法

① 三股辫编发　② 打卷造型
③ 下扣卷造型

重点提示

打造此款造型时，刘海位置的处理要干净顺滑，必要的时候可以用尖尾梳对头发适当倒梳，增加其衔接度，这样会更方便造型。因为这是一款古典造型，所以两侧的包发要光滑干净并呈现饱满感。

中国古典造型 *03*

发型分区示意

此款造型共分为两侧刘海区、两侧发区、顶发区和三份后发区 8 个区域。之所以做如此多的分区，是因为造型在每个分区中的包裹方位不同。古典造型的分区一般都会比较详细，因为那样会使造型更加干净。

操作步骤

01 将头顶的头发扎马尾。

02 将扎好的头发进行三股辫编发处理。

03 将编好的头发用皮筋固定牢固。

04 将发辫在头顶进行盘绕，做打卷造型。

05 在头顶佩戴假发髻，盖住顶发区的真发。

06 将假发髻固定牢固，发卡要隐藏好。

07 将一侧发区的头发倒梳，增加发量和衔接度。

08 用尖尾梳将头发的表面梳理得光滑干净。

09 将侧发区的头发扭转并在头顶固定牢固。

10 将另外一侧发区的头发向上提拉并倒梳。

11 将头发向后提拉并将表面梳理得光滑干净。

12 将头发向上提拉并扭转，在假发髻的位置将其固定牢固。

13 固定好之后将发尾扭转，再次固定。

14 将发尾收好并固定牢固。

15 从后发区一侧取头发，向上提拉并倒梳，增加发量和衔接度。

16 将倒梳之后的头发表面用尖尾梳梳理得光滑干净。

17 将梳理好的头发喷胶定型。

18 定型之后继续梳理头发，使其更加光滑。

19 将头发在头顶扭转之后固定。

20 将另外一侧后发区的头发向上提拉并倒梳，增加发量和衔接度。

21 将倒梳之后的头发的表面梳理得光滑干净。

22 将头发向前提拉并喷胶定型，喷胶要适量。

23 将头发在头顶扭转并固定牢固。

24 将固定之后剩余的发尾在头顶做打卷造型。

25 将一侧刘海的头发的表面梳理得光滑干净并向耳后固定。

26 将另外一侧的刘海的表面梳理得光滑干净。

27 将梳理好的头发向耳后固定。

28 将两侧刘海剩余的发尾在后发区位置扭转并固定在一起。

29 将扭转好的头发收紧，固定在后发区底端。

30 将后发区剩余的头发向上提拉并扭转。

31 将扭转好的头发固定，固定要牢固。

32 将剩余发尾继续向上扭转并固定。

33 固定好之后对轮廓感进行细致的调整。

34 在头顶一侧固定一片假发片，固定要牢固。

35 在头顶另外一侧继续固定一片假发片，同样固定要牢固。

36 将假发片向上提拉并打卷。

37 将打卷之后的头发固定在头顶一侧。

38 固定好之后对其轮廓感进行适当调整，使其呈现更加饱满的轮廓感。

39 将另外一侧的假发在造型一侧扭转。

40 扭转之后向上提拉并在后发区的位置固定。

41 固定要牢固，并对其弧度进行适当的调整。

42 在后发区位置继续固定一片假发片，固定一定要牢固。

43 固定好之后将假发向前扣转，注意轮廓感和饱满度。

44 将假发片适当向前拉抻并固定在造型一侧。

45 将剩余发尾向上提拉并扭转。

46 将扭转好的头发在后发区位置固定。

47 在头顶佩戴饰品，点缀造型。

48 在造型一侧佩戴古典装饰物。

49 在造型另外一侧佩戴古典装饰物，进行装饰。造型完成。

造型手法

① 打卷造型
② 三股辫编发
③ 倒梳造型

重点提示

打造此款造型最主要的是注意根基位置的牢固度及发片固定的牢固度，否则看似简单的问题是最容易导致造型不饱满和脱落的根源。

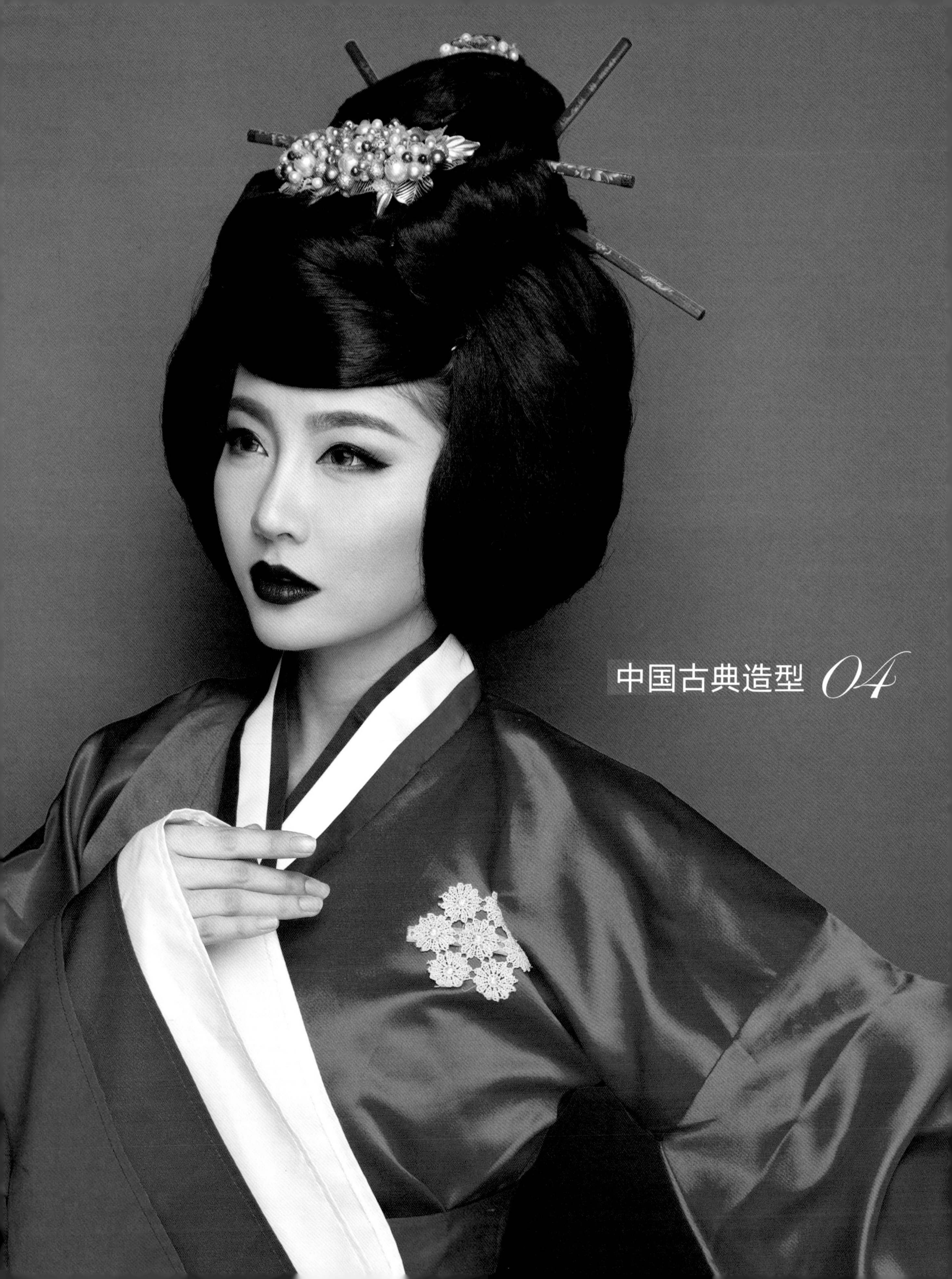

中国古典造型 04

发型分区示意

前　　后　　左　　右　　上

此款造型分为前后两个区域，主要用来做假发片的支撑。前后两个支撑点相对于一个支撑点更利于假发的固定。

操作步骤

01 将前发区的头发向上提拉并扭转，之后将其固定。

02 固定好之后将剩余的发尾继续向上收拢并固定牢固。

03 将后半部分发区的头发用皮筋扎好，将扎好的头发进行三股辫编发处理。

04 将编好的发辫向上**盘绕**。

05 将盘绕好的发辫在后发区位置固定牢固。

06 在头顶固定一片假发片，使假发片的根部向后。

07 将固定好的假发片在后发区一侧向后扭转并向上提拉，在后发区固定。

08 将假发片在造型一侧向后扭转。

09 将扭转好的假发片固定在后发区的位置。

10 在后发区位置将两边的假发片叠加固定在一起。

11 在头顶固定一片假发片，将其向上提拉。

12 将假发片提拉并向后扭转。

13 将扭转好的假发片在头顶固定。

14 在头顶再固定一片假发片并将其从后向前带。

15 将假发片固定出刘海的效果，并调整其弧度，发卡要隐藏好。

16 调整已做好的造型的整体轮廓，使其更加饱满。

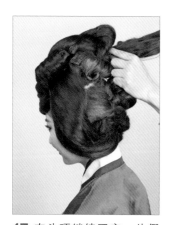

17 在头顶继续固定一片假发片。

18 将固定好的假发片向前扭转，提拉出一定的高度并固定。

19 将假发片带至后发区另外一侧，扭转并固定。

20 固定好之后将假发片带至造型的另外一侧。

21 将剩余的假发片向后固定。

22 固定好之后将发尾做打卷造型，在后发区固定。

23 在头顶佩戴一个假发包，增加造型高度，固定的发卡要隐藏好。

24 在头顶和发包顶端佩戴饰品，点缀造型。

25 在造型两侧佩戴发钗，点缀造型，两边要佩戴得基本对称。造型完成。

造型手法

① 打卷造型　② 扎马尾

重点提示

打造此款造型要注意轮廓的饱满度。可以用尖尾梳对其做细致的调整，头顶的造型呈后倾的状态，不要做成垂直的感觉。

217

中国古典造型案例赏析

波纹刘海配合光滑的后盘造型，呈现优雅的古典美感。

从刘海至后发区的下扣卷光滑干净，饱满大气，呈现端庄的古典美。

中分刘海光滑地向后发区盘起，搭配华美端庄的古典头饰，尽显汉式婚礼的古韵之美。

用发辫修饰两侧颞骨位置，饰品以端庄的方式佩戴，用假发与真发相互衔接，在后发区位置披落。整体造型呈现端庄柔美的感觉。

刘海区呈中分效果，向后发区位置翻卷，后发区的发包光滑饱满。整体造型古典端庄。

刘海区头发向造型一侧光滑地梳理，盖过耳朵的位置，向后发区方向盘起。偏向另外一侧的后发区造型轮廓饱满光滑。整体造型端庄优雅。

刘海区的头发对额头适当地遮挡，并向后发区位置翻卷，后发区的头发向上翻卷。整体造型饱满流畅，呈现古典优雅的美感。

刘海区的头发向上自然地翻卷，后发区的包发饱满光滑，将古典饰品装饰于刘海区的翻卷位置。整体造型呈现简约优雅的古典美感。

HAIRSTYLE
时尚创意造型

时尚创意造型 *01*

发型分区示意

此款造型共分为两侧刘海区、两侧发区、顶发区和上下后发区7个区域。后发区的上下划分是为了更细致地烫发，将头发分层可以使烫发更加细致。

操作步骤

01 将头发分区并分别收好，保留后发区的部分头发，用三合一夹板夹出弯度。

02 只夹弯中段的位置。

03 将弯度以下的位置用小号电卷棒烫卷。

04 烫卷后的效果。

05 将后发区剩余的头发用三合一夹板夹出弯度。

06 夹弯后的效果。

07 将弯度之下的头发用小号电卷棒烫卷。

08 烫卷之后的效果。

09 将一侧的头发用三合一夹板夹出弯度。

10 将刘海区的头发用三合一夹板夹出弯度。

11 夹弯后的效果。

12 将弯度以下的头发用小号电卷棒烫卷。

13 将另外一侧的头发用同样的方式操作。

14 用气垫梳将头发梳开,使其更加蓬松。

15 梳理的时候可改变气垫梳的角度,使头发更加蓬松。

16 适量喷胶定型。造型完成。

造型手法

① 三合一夹板烫发　② 电卷棒烫发

重点提示

此款造型是一款自然、实用且具有时尚感的造型。运用三合一夹板与小号电卷棒结合,打造飘逸感的卷发。在造型的时候,要根据区域的划分细致地烫发,否则很容易烫发不均匀。

时尚创意造型 *02*

发型分区示意

此款造型从前至后共分为刘海区、中发区和后发区 3 个区域。刘海区的头发用来完成刘海区的翻卷弧度；两侧发区与顶区的头发相互结合在一起形成中区，打造造型；后发区的头发直接垂下，保留的发量较少。

操作步骤

01 将一侧发区的头发向后梳理，表面要光滑干净。

02 将刘海区的头发以尖尾梳为轴向上翻卷。

03 翻卷好之后将其固定，固定的发夹要隐藏好。

04 注意扭转时要在后发区方向呈一定的倾斜度。

05 将固定好的发尾向上打卷并固定。

06 在后发区位置将顶区和一侧发区的头发扎马尾。

07 将马尾从中间掏转，注意不要弄乱头发。

08 将后发区的头发全部放下。

09 将头发的表面用尖尾梳梳理得光滑干净。

10 用电夹板将头发分片烫直。造型完成。

造型手法

① 扎马尾　② 上翻卷造型

重点提示

打造此款造型时要注意头发表面的光滑度，尤其是掏转马尾的头发。掏转马尾的操作很容易弄乱头发，所以要注意发丝的流畅度。

时尚创意造型 *03*

发型分区示意

此款造型共分为前、中、后3个区域，其中刘海区与一侧发区的头发成为前发区，另外一侧发区与顶发区的头发形成中发区。这种分区方式有利于将头发不断向上叠加和固定。

操作步骤

01 在头顶一侧佩戴饰品，固定要牢固。

02 将刘海区的头发向上提拉并倒梳，增加发量和衔接度。

03 将刘海区的头发的内外两侧梳理得光滑干净。

04 将刘海区的头发向上提拉并打卷。

05 用双手将打卷的轮廓感调整得更加饱满并固定牢固。

06 从后向前提拉一片头发并做打卷造型。

07 继续向前提拉一片头发，斜向打卷。

08 将发卷固定好之后并调整其轮廓感和饱满度。

09 继续从后向前提拉一片头发。

10 将提拉好的头发在头顶固定。

11 从后发区取一片头发，将其倒梳，增加发量和衔接度。

12 将头发表面梳理光滑，向上提拉并扭转。

13 将扭转好的头发在头顶固定。

14 将后发区位置的剩余头发倒梳，增加发量和衔接度。

15 将头发向上提拉并将表面梳理得光滑干净。

16 将梳理好的头发扭转造型并在头顶固定。

17 将造型纱抓出层次感并向后固定。

18 继续将造型纱在头顶的位置固定，注意对层次感的把握。

19 将剩余造型纱向另一侧固定，遮挡面部。调整造型纱的角度及方向，使其呈现飘逸感。

造型手法

① 抓纱造型　② 打卷造型

重点提示

此款造型的重点是造型纱的固定，造型纱要呈现飘逸的感觉，不要与面颊贴得过紧，而是要有一定的空间感。注意隐藏好固定的发卡。

时尚创意造型

发型分区示意

此款造型共分为刘海区、一侧发区和后发区 3 个区域。刘海区需要的发量较多，所以将顶发区的头发划分到刘海区中。侧发区将部分后发区的头发划分在其中，是为了使造型更加饱满并起到更好的支撑作用。另外一侧发区的头发与后发区的头发划分在一个区域，用来塑造后发区的轮廓感。

操作步骤

01 将刘海区的头发用皮筋扎好并固定牢固。

02 将头发用尖尾梳倒梳，增加发量和衔接度。

03 用尖尾梳将头发的表面梳理得光滑干净。

04 提拉发片，并为其喷胶定型。

05 将头发在头顶打卷。

06 将打好的卷向前扣并固定牢固，使其呈现饱满的轮廓感。

07 将一侧发区的头发提拉并倒梳。

08 将倒梳好的头发的表面梳理得光滑干净。

09 用手托住发片并为其喷胶定型。

10 将发片向上提拉并将发尾打卷。

11 将打卷好的头发向前在刘海区的一侧固定。

12 在后发区位置分出一片头发，将其倒梳。

13 继续分出一片头发，将其倒梳。

14 将后发区一侧的头发倒梳。

15 倒梳的时候注意不要使头发太毛糙，主要目的是提升衔接度。

16 将头发梳理光滑后偏向一侧用发卡固定。

17 继续向上下发卡固定。

18 最终要形成连排发卡的效果。

19 向上提拉头发，并为其喷胶定型。

20 定型后将头发的表面继续梳理得更加光滑。

21 梳理好之后将头发向上提拉并打卷。

22 将打好卷的头发在后发区位置扣转并将其固定牢固，在后发区位置要呈现一定的饱满度。

23 在造型一侧固定饰品，适当对面部进行修饰。

24 在头顶佩戴造型布，造型布的固定要牢固。

25 将造型布的一侧向上拉抻，使其形成伸展的感觉。

26 在后发区的位置将造型布固定得更加牢固。

27 在头顶继续固定一块造型布，造型布比较重，一定要牢固固定。

28 在固定造型布的时候可以多使用几个发卡，进行多点固定。

29 将造型布拉抻成扇形并继续固定。

30 将两块造型布衔接固定在一起。

31 将一条红色褶皱布固定在脖子上。

32 将褶皱布的一端向上拉抻并固定。

33 将褶皱布向下拉抻，再固定出一个层次。

34 继续将褶皱布向上拉抻并固定。

35 用褶皱布修饰造型外轮廓并固定。造型完成。

造型手法

① 抓布造型　② 打卷造型

重点提示

此款造型最重要的是用造型布塑造的外轮廓，所以在固定造型布的时候一定要找准固定的支撑点，使其呈现牢固而立体的感觉。最后使用红色造型布是为了与红色饰品相互呼应。

用饰品对面部进行遮挡，头顶用红色发钗进行装饰，与红色饰物呼应，与妆容相互结合，呈现古典而时尚的红色主题造型。

抓布效果与假发片相互结合，配合妆容效果，呈现时尚而复古的美感。

饱满而略显夸张的翻卷包发效果配合复古而时尚的妆容，整体呈现冷艳的美感。

红色的抓布造型与红色的妆容相互呼应，两者相互协调，并具有强烈的视觉效果。

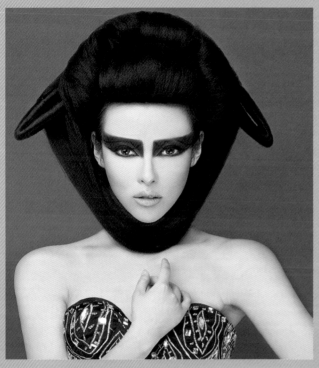

夸张的造型与黑色调的妆容相互呼应，使整体效果更具有视觉冲击力。

这是一款简约的造型，以刘海作为主要的结构，对眼部进行遮盖，更加能够突出妆容的夸张效果，使妆容更具有视觉冲击力。

夸张而飘逸的盘发配合具有色彩冲击力的时尚妆容，两者相得益彰，造型使妆容得到了更完美的呈现。

夸张的时尚拼贴妆容配合端正光滑的盘发效果，整体呈现带有异域风情的美感。

采用硬网纱进行抓纱造型，来呼应妆容的水钻装饰。水钻装饰能够烘托妆容效果，并且使妆容与造型更加协调。

用两种质感的黑色造型纱打造夸张的抓纱效果，与百合相互搭配，与妆容的黑色手绘线条相互呼应。

用时尚的假发塑造造型效果，与时尚的杂志风格妆容相互搭配，简约而极具时尚感。

用假发塑造锥形造型效果，搭配中国风饰品，与妆容相呼应，呈现时尚而复古的美感。